EXPOSÉ SUCCINT

DE

La Culture de la Betterave

ET DE

L'EXTRACTION DU SUCRE QU'ELLE CONTIENT,

PAR

MM. Baudrimont et Numa Girar.

A VALENCIENNES,

IMPRIMERIE DE A. PRIGNET, RUE DE MONS, 9.

1836.

a Flandre agricole et industrie... concer...
l'Agriculture et de l'Industrie du nord d France.

EXPOSÉ SUCCINT

DE

LA CULTURE DE LA BETTERAVE

ET DE

l'Extraction du Sucre qu'elle contient,

PAR

Mrs Baudrimont & Huma Grar.

A VALENCIENNES,

IMPRIMERIE DE A. PRIGNET, RUE DE MONS, N.º 9.

1836.

EXPOSÉ SUCCINT

DE LA CULTURE DE LA BETTERAVE ET DE L'EXTRACTION DU SUCRE QU'ELLE CONTIENT,

PAR

Mrs Baudrimont et Numa Gray.

L'industrie, qui a pour objet la fabrication du sucre indigène, attire depuis longtems l'attention des savans et des économistes. Cependant elle a rarement été envisagée de sang-froid : depuis sa naissance, elle a été sans cesse l'objet d'un dédain déraisonnable, ou d'un engouement dangereux ; on ne l'a jamais regardée comme bonne, mais tour à tour, comme des plus ruineuses, ou comme excellente. On n'a jamais gardé de mesure dans les jugemens qu'on en a portés, et c'est aussi peut-être ce manque de calcul qui a causé, en partie, les vicissitudes réelles survenues dans cette industrie, vicissitudes qui ont enrichi ceux qui se sont trouvés à même d'en profiter, et ont ruiné ceux qui sont arrivés au travail dans les circonstances contraires. Fesons des vœux pour que ces circonstances ne se représentent plus, quoiqu'elles deviennent bien à craindre par le nouvel engouement qui s'est emparé des spéculateurs. La culture et la fabrication sont sujettes à des chances si nombreuses de gain et de pertes, que, toutes choses égales d'ailleurs, et sans autre élément de change-

ment que le tems, auquel il est bien impossible de remédier, des années consécutives peuvent apporter à l'industriel, des pertes énormes ou d'assez beaux bénéfices. Lorsque quelques bonnes années ont produit ce dernier résultat, ceux qui ne calculent pas toutes les chances d'une
entreprise, ne voyant qu'un côté de la médaille, se jettent
en masse sur cette branche d'industrie. Le nombre d'usines augmentant dans une proportion trop grande, cause
le renchérissement de tous les frais et la diminution de
valeur de tous les produits; si, alors, survient une année
défavorable, la réaction ruineuse s'opère.

Sous un rapport remarquable, cette industrie est bien
digne d'attirer l'attention : les hommes qui s'adonnent à
la fabrication du sucre, ont montré presque tous, depuis
la naissance de cet art, qu'ils n'avaient pas en vue le seul
désir du lucre, mais qu'ils avaient la passion de bien faire.
Aussi aucune industrie n'a-t-elle fait des progrès si rapi-
des. Les fabricans de sucre ont montré en même tems un
désintéressement à ouvrir leurs usines à tout le monde, à
communiquer libéralement leurs procédés, un désintéressement, disons-nous, que l'on rencontre rarement ailleurs. Si cette industrie ne doit plus subsister longtems,
ce qui d'ailleurs est encore un problème que nous ne nous
proposons pas de résoudre, elle n'en aura pas moins pro-
curé d'immenses avantages à la France; elle aura signalé
son passage par des résultats qui fructifieront, et dont l'u-
tile influence se fera sentir pendant des siècles. Elle a apporté des lumières dans les campagnes, elle a habitué les
plus simples ouvriers à manier des outils délicats, des appareils mécaniques compliqués et cette situation leur a
fait acquérir une habileté qu'ils reporteront dans tous
leurs travaux.

L'industrie du sucre indigène, qui consiste à cultiver
les betteraves et à extraire le sucre qu'elles contiennent,

peut se subdiviser en parties distinctes, telles que 1° la culture; 2° la conservation des racines; 3° les opérations mécaniques telles que le nettoyage, la rasion et la pression; 4° les opérations chimiques, telles que la défécation, la filtration, la clarification, la coction, la cristallisation. On devrait y joindre aussi la macération, lorsque l'on emploie cette méthode. Nous décrirons toutes ces parties le plus succintement possible, ne nous arrêtant que sur celles que nous croyons les plus essentielles, et qui sont quelquefois les plus négligées.

CULTURE.

La culture des betteraves, avec les soins accessoires qu'elle nécessite, comprend :

La préparation des terres ;

Le choix de la graine ;

La plantation ;

Le sarclage ;

L'arrachage.

Préparation des terres.

La préparation des terres est une des parties de la culture sur laquelle nous nous étendrons le plus, parce que nous pensons que dans presqu'aucune exploitation autre que celles de l'arrondissement de Valenciennes, on ne prépare les terres destinées à porter la betterave avec assez de soins et de discernement. Le mode général de préparation usité dans cet arrondissement, non seulement pour les betteraves, mais pour toutes les cultures de mars, ne lui est pas à la vérité particulier, il lui est au contraire commun avec une grande partie de la Flandre ; mais on l'exécute avec plus de soins , plus de discernement et surtout plus de promptitude dans cet arrondissement que partout ailleurs.

Si une terre portant du blé est destinée à être ensemen-

cée en betteraves l'année suivante, il faut prendre grand
soin de la purger d'herbes parasites ; car ces herbes pous-
seraient au printems avant les betteraves, les étoufferaient,
nécessiteraient des sarclages dispendieux qui ne pourraient
être exécutés qu'imparfaitement, attendu la levée plus pré-
coce des herbes nuisibles. Ces herbes nuisibles empêche-
raient alors les ouvriers d'apercevoir les plants de betteraves qu'ils arracheraient souvent avec ces herbes. Pour
purger parfaitement les terres d'herbes nuisibles, voici
comment on opère :

Aussitôt le blé fauché, on le lie, on forme les gerbes.
Ces gerbes sont immédiatement placées l'une contre l'autre, verticalement, les épis en haut, par petites meules
d'une dixaine de gerbes. Si l'on craint la pluie, on place
sur cette espèce de meule une gerbe les épis en bas , formant une espèce de chapeau. On a soin de placer toutes
ces petites meules sur une même bande de terre prise dans
le milieu du champ et le traversant d'un bout à l'autre. Si
une bande ne suffit pas, on en prend plusieurs placées à
des distances égales, de manière à ce qu'on puisse immédiatement labourer entre ces bandes. La figure ci-dessous
fera mieux comprendre la manière dont on opère cet ar-
rangement :

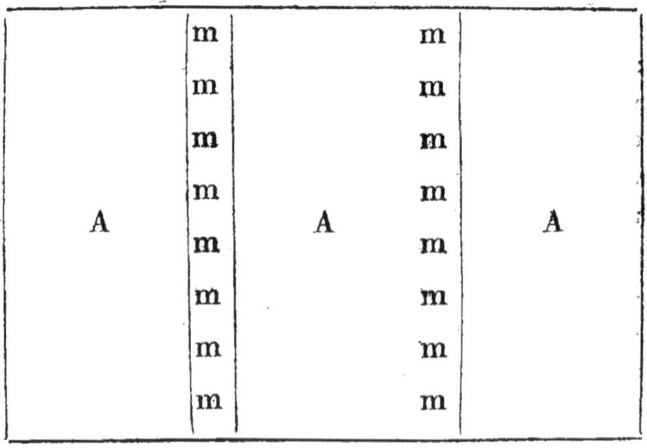

A	m m m m m m m m	A	m m m m m m m m	A

Sur le champ que représente la figure, les petites meules sont disposées en m, m, m, et l'on peut labourer les parties A, A, A.

Cette disposition donne la facilité de mettre la charrue dans la terre trois ou quatre jours après que le blé est fauché; ce qui est un avantage immense, quoiqu'il paraisse de peu d'importance au premier abord.

Voici en effet ce qui arrive, et nous dirons après ce qui serait arrivé, si on avait attendu dix ou douze jours de plus; on verra clairement alors combien cette considération d'une dixaine de jours plus ou moins, est importante.

Pour le labour qu'il s'agit de donner, on se sert du binot, espèce de charrue-cultivateur, qui joue dans l'agriculture flamande le rôle d'extirpateur. Le sol, auquel on n'a pas laissé le tems de se dessécher, privé de l'abri de sa récolte, n'offre pas de difficulté au labourage. Le binot déchire facilement la terre, arrache toutes les herbes parasites qui ont poussé avec le blé, expose leurs racines à l'ardeur du soleil, qui les dessèche et les brûle. Un coup de herse, donné quelque tems après, produit le même effet sur celles qui ont échappé à l'action du binot; de plus, il recouvre d'un peu de terre les graines que ces herbes ont produites, et la chaleur étant encore fort grande lorsqu'on a opéré avec promptitude, ces graines germent très-vîte et les herbes paraissent bientôt sur le champ. On ne leur laisse point cette fois le tems de se reproduire, et, avant qu'elles soient en graines, elles sont de nouveau arrachées par un second binotage et un nouveau hersage, et desséchées par le soleil. On laboure alors avec le harna ou le brabant, et souvent le tems est encore assez doux pour que les graines d'herbes parasites, amenées du fond, puissent germer aussi; elles sont alors détruites au printems.

Nous avons dit qu'il était d'une extrême importance que le premier binotage fût exécuté immédiatement, et que dix jours de différence étaient souvent fort nuisibles. En effet, quand on retarde ainsi, c'est-à-dire, quand on attend que le blé soit enlevé du champ, la grande chaleur du mois d'août dessèche promptement le sol, et souvent le binotage devient impossible avant la survenance d'une pluie, et le travail se trouve reculé indéfiniment. Lors même qu'on peut opérer ce binotage après l'enlèvement du blé, on détruit bien les plantes parasites qui ont poussé avec le blé, mais les graines qu'elles ont répandues sur le sol, enterrées plus tard, ne trouvent quelquefois plus une chaleur suffisante pour germer, ou du moins elles se développent moins rapidement : il faut alors labourer beaucoup plus tard, et cette fois les graines amenées du fond ne germent point avant l'hiver et viennent au printems étouffer les betteraves.

Bien d'autres avantages sont attachés à cette pratique. Les binottges ayant lieu dans une terre qui n'est point desséchée, se font avec beaucoup plus de promptitude ; les herbes et leurs racines se détachent plus facilement de la terre ; enfin, la superficie du champ, sur lequel opère le binot, est bien ameublie, et c'est dans cet état qu'on donne le labour qui met cette superficie au fond. Cet état d'ameublissement de la base du sol labourable est très-utile en ce qu'il permet à la betterave de pivoter, de prendre de l'accroissement, et de ne point se ramifier, circonstance qui donnerait beaucoup de peine pour le nettoyage.

Au printems, on donne un nouveau labour à la terre ; on la travaille quelquefois encore au binot, pour bien en mélanger toutes les parties ; puis, l'on herse, l'on roule et l'on ploutre. Le ploutrage consiste à faire passer sur la terre la herse retournée sur le dos.

Ces diverses opérations s'exécutent autant de fois qu'il est nécessaire pour rendre la terre très-fine : Pour les terres blanches cependant, on ne les réduit pas à une trop grande division. Un des meilleurs moyens d'opérer la division des mottes de terre, consiste, après avoir fait passer la herse, à faire ensuite venir le rouleau qui les tasse bien également ; puis de ploutrer avec le dos de la herse, qui saisit toutes ces mottes entre les barres qui lui servent de traverse et les brise.

Tel est le mode le plus général d'arranger les terres ; mais il ne convient pas toujours. Pour les terres blanches, par exemple, on préfère souvent les binoter plusieurs fois avant l'hiver, ne les point labourer à cette époque et attendre le printems pour cette opération.

Pour les terres que l'on veut défoncer, on opère aussi un peu différemment. Lorsqu'on donne le labour d'avant l'hiver, on laisse un sillon ouvert tous les 5, 6 ou 7 sillons. On approfondit ensuite ce sillon avec la bêche, et la terre de défoncement est rejetée sur la partie labourée. On prépare beaucoup de terres de cette façon.

Nous n'avons parlé que de la succession de la betterave à une récolte de blé, parce que c'est le cas le plus commun ; on suit une marche analogue pour toutes les autres plantes auxquelles on veut faire succéder la betterave ; et l'on se rapproche autant que possible de la méthode que nous venons de décrire.

Lorsque l'on fume la terre, il faut, autant que possible, le faire avant l'hiver. La composition chimique de la betterave est toujours influencée par la matière soluble des terres dans lesquelles elle croît ; c'est pourquoi il faut faire une grande attention aux engrais dont on se sert. On a remarqué qu'avec beaucoup de fumier de bœufs et de chevaux, les betteraves donnaient un produit considérable par leur volume, mais dans ce cas leur jus renferme beaucoup de potasse et d'ammoniaque combinées qui deviennent libres et jouent un rôle nuisible dans la fabrication, comme nous le verrons par la suite. Mais aussi, peu d'engrais donne peu de produits : il est entre ces deux points un milieu auquel il faut s'arrêter, et il est rare que ce soit par le trop de fumier que l'on pèche. Cependant, nous avons vu des exemples où il eût été préférable d'avoir obtenu moins de produit, mais des produits de meilleure qualité.

Choix des graines.

La betterave est une plante bisannuelle à racine pivotante, appartenant au genre *beta* de la pentandrie digynie de Linnée.

Le genre *beta*, la bette, se divise en plusieurs espèces, parmi lesquelles se trouve la bette commune *(beta vulgaris)*.

Cette espèce *(beta vulgaris)* se subdivise en plusieurs variétés, parmi lesquelles se trouve la betterave *(beta ravia)*.

Cette variété, qui est la plante dont nous parlons *(beta ravia)*, se subdivise elle-même en plusieurs sous-variétés telles que la betterave champêtre *(beta silvestris)*, la betterave blanche *(beta alba)*, etc. Ainsi chacune de ces plantes, que nous appellerons espèces, parce que nous ne les rapporterons qu'à la betterave, ne sont que des sous-variétés de la betterave qui est une variété de la bette commune, qui elle-même est une espèce de la bette, cette dernière formant le genre.

Toutes les espèces de betteraves connues contiennent du sucre, mais les qualités diverses qui appartiennent à chacune d'elles, influent tellement sur la question économique de fabrication, qu'il est indispensable de n'adopter que les meilleures espèces, et d'en faire le choix avec beaucoup de soin et de discernement.

Ainsi, par cela seul qu'on aura adopté une espèce de préférence à une autre, on pourra, toutes choses égales d'ailleurs, obtenir une récolte plus considérable, quelque fois double ou triple; on pourra, lors de la fabrication, d'une quantité égale de betteraves obtenir plus de jus, d'une quantité égale de jus plus de sirop, d'une quantité égale de sirop plus de sucre, enfin d'une même quantité de sucre un plus grand prix.

En effet, on verra, lorsque nous traiterons de la fabrication, comment d'une quantité de betteraves donnée on peut retirer plus ou moins de jus, selon que la chair en est plus ou moins ferme; comment d'une quantité donnée de jus on peut obtenir plus ou moins de sirop, selon que le jus est plus ou moins aqueux; comment d'une quantité donnée de sirop on peut obtenir plus ou moins de sucre, selon qu'il se trouve plus ou moins exempt de ces corps étrangers qui, dans les opérations de fabrication changent le sucre cristallisable en mélasse ou s'opposent à sa cristallisation; comment enfin la qualité du jus de la betterave peut influer sur la qualité du sucre qui en provient, et permettre d'obtenir d'une quantité donnée de sucre, un prix proportionnellement plus ou moins considérable.

La seule différence de l'espèce de betteraves peut conduire à tous ces résultats, non que nous disions que lorsqu'ils ont lieu, ils proviennent toujours de cette cause; car il est bien certain qu'ils sont souvent dûs aussi à des fautes de fabrication : mais toujours est-il vrai que cette seule cause peut y conduire, et que par cela seul qu'un fabricant aura adopté la culture de telle espèce de betteraves au lieu de telle autre espèce, il pourra arriver à un produit final de 25 au lieu de 100, ou même d'une disproportion plus grande encore.

Là ne se bornent pas les influences favorables ou défavorables qu'exercent sur la question économique de la production du sucre indigène le choix de l'espèce à cultiver, mais il en est une autre qui est due à une cause bien plus importante encore, la conservation. Ainsi, des espèces diverses mises dans des circonstances semblables dans l'hiver, en sont retirées dans un état de conservation souvent fort différent ; telle espèce peut être très-bien conservée, telle autre très-mal. Il en est de même de l'influence des gelées qui peuvent survenir avant l'arrachage, ou seulement avant la mise en fosses. Telle espèce résistera très-bien à un froid de quelques degrés sous zéro, qu'une autre ne pourra supporter ; cette circonstance peut quelquefois causer aux fabricans des pertes considérables.

Nous ne discuterons pas le mérite relatif des nombreuses espèces de betteraves, car cela nous mènerait trop loin. Nous nous contenterons de parler rapidenent de celles qui sont les plus employées, et surtout de celle qui, selon nous, devrait être exclusivement préférée : la betterave blanche de Silésie.

La betterave jaune a été très-préconisée, mais ne mérite nullement la réputation qu'elle a eue pendant quelque tems. Elle fournit des récoltes très-chétives quoique d'une apparence merveilleuse, à cause de ses feuilles touffues qui recouvrent tout le champ. Les racines donnent très-peu de jus à la presse, mais ce jus est quelquefois très-riche en sucre et marque des degrés très-élevés à l'aréomètre. D'autres fois le jus que fournit cette espèce est très-aqueux et ne marque que des degrés très-bas sans qu'on puisse se rendre compte de cette différence.

La betterave à peau rose et à cercles concentriques roses et blancs dans sa section transversale, donne des produits assez bons en racines : le jus en est plus coloré que celui des espèces ci-dessous, qui lui sont supérieures sous tous les rapports.

La betterave à peau rose et chair blanche et la betterave blanche de Silésie sont sans contredit les deux meilleures espèces, et la seconde surtout possède des qualités précieuses qui devront la faire adopter universellement, surtout celle provenant de graines tirées de Silésie et cultivées depuis quelques années en France. Ces deux espèces sont celles qui donnent les produits agricoles les plus considérables, et c'est à tort que l'on prétend que la betterave champêtre produit plus; on a été induit en erreur en voyant cette espèce de betteraves, qui souvent est cultivée dans un coin de jardin ou dans quelque terrain semblable, devenir en effet très-volumineuse, mais il en eût été de même de la betterave blanche ou de celle à peau rose dans les mêmes circonstances. Souvent aussi elle est cultivée par des agriculteurs qui ne soignent pas autant la culture que les fabricans de sucre qui y ont un intérêt beaucoup plus grand; ces betteraves ne sont pas semées convenablement, il manque beaucoup de plants dans le champ, et les plants qui restent prennent un accroissement considérable. Si on comparait le produit total du champ à celui d'un champ de même étendue et d'égale qualité, planté de betteraves blanches, on trouverait ce produit inférieur; mais on compare les betteraves entr'elles et l'on trouve, en effet, les betteraves champêtres plus volumineuses : on en conclut, mais bien à tort, que ces betteraves donnent plus de produits que les blanches. D'ailleurs, les betteraves champêtres donnent de mauvais résultats en conserve et en fabrication, et doivent toujours être rejetées.

Nous avons dit que la betterave blanche et la betterave rose sont les deux espèces qui, toutes choses égales d'ailleurs, donnent les produits agricoles les plus considérables; elles sont aussi les plus généreuses en jus. Leur jus est le plus riche en sucre, et celui des betteraves blanches est peut-être, sous ce rapport, un peu supérieur à celui des betteraves roses. Quand nous disons que leur jus est le plus riche en sucre , nous en exceptons toutefois les betteraves jaunes , qui quelquefois, comme nous l'avons dit plus haut, donnent un jus extrêmement riche et d'autres fois très-pauvre.

Les sirops de betteraves roses et des betteraves blanches sont aussi très-supérieurs en qualité à ceux des autres espèces. Ils sont moins colorés et contiennent moins de ces matières étrangères, dont nous parlerons plus tard , qui transforment le sucre cristallisable en mélasse ou s'opposent à sa cristallisation ; on en retire donc plus de sucre , moins de mélasse, et un sucre de qualité supérieure. Sous tous ces rapports, les deux espèces rose et blanche l'emportent sur toutes les autres; mais entre ces deux espèces elles-mêmes , la blanche l'emporte sur la rose et est préférable sous tous ces points : du moins, tel est le résultat d'épreuves comparatives souvent répétées , faites dans la fabrique de l'un de nous. C'est toujours sur des expériences comparatives de cette espèce, faites dans une même fabrique, que nous nous bâserons : car nous ne croyons pouvoir que bien rarement tirer des conséquences exactes d'expériences comparatives qui seraient faites dans des fabriques différentes. En effet , outre que les expériences n'ont plus lieu dans des circonstances égales, il est reconnu qu'en général les fabricans de sucre sont tellement *gascons*, qu'il n'est pas permis d'asseoir des calculs sur les résultats qu'ils annoncent.

En parlant de la betterave blanche , nous ne voulons parler que de l'espèce de Silésie, acclimatée par quelques années de plantation en France *. C'est celle que l'un de nous cultive, dont il récolte 7 à 8 millions de livres annu-

---

* Les autres espèces à chair blanche et peau blanche nous ont paru fort peu semblables et très-inférieures en qualité.

ellement, et qu'il a cru devoir enfin adopter exclusivement à toute autre.

Cette espèce est originaire de Suède; il paraîtrait que, passant ainsi successivement d'un climat plus froid dans un climat plus tempéré, il lui faut quelques années d'acclimatation, mais qu'elle devient alors supérieure à ce qu'elle était dans le pays dont on l'a tirée. Cette espèce est à peau blanche, chair blanche, pétioles blancs, petites feuilles, contexture ferme et ne sort pas de terre. La rose dont nous avons parlé est à chair blanche, peau rose, pétioles blancs ou rosés, piriforme et ne sort pas de terre. Il y a d'autres espèces roses avec lesquelles il ne faut pas la confondre.

Nous n'avons pas encore parlé du principal mérite de la betterave blanche de Silésie. Elle supporte, sans en être attaquée un degré de froid que toute autre espèce ne pourrait supporter. Sa contexture ferme et serrée et probablement d'autres causes qui ne sont pas encore bien éclaircies produisent aussi cet autre effet, qu'elle s'altère beaucoup moins dans les fosses que les autres espèces.

De tout ce que nous venons de dire, il résulte que le fabricant de sucre ne peut mettre trop de soin à choisir l'espèce de betteraves qu'il doit cultiver, et à s'assurer de l'origine de la graine qu'il emploie. Mais là ne se doivent pas borner ses soins; il est d'autres circonstances qui peuvent encore influer sur le choix de la graine. Ainsi, il ne suffit pas, par exemple, que l'on soit assuré que la graine que l'on emploie est de la graine de betteraves blanches, que cette graine provient de l'espèce de Silésie, il faut encore s'assurer si la graine est de la récolte de l'année, ou de 2 ou de 3 ans. Et, à cette occasion, nous indiquerons un fait qui n'avait pas encore été observé, et qui est important surtout pour les grandes fabriques.

Les fabricans de sucre attachent avec raison la plus

grande importance à faire leur plantation à l'époque qu'ils regardent comme la plus convenable, c'est-à-dire dans un cercle de tems très-restreint : environ entre le 15 avril et le 20 mai. Toutes les plantations faites dans ce moment sont toujours plus certaines pour la bonne levés, et presque toujours plus productives en récoltes que les autres. Ainsi quand on plante plus tard, il arrive très-souvent que les betteraves n'arrivent pas à leur maturité, et sont par suite moins bonnes à travailler et moins bonnes à conserver. Elles sont aussi moins volumineuses et donnent un produit médiocre. Cependant quand on a une grande quantité de plantations à faire, il y a impossibilité de les exécuter tou·tes dans ce cercle de temps, et pour celles qui ne peuvent être exécutées à cette époque, on doit les opérer soit avant soit après. Lorsqu'on les rejette après le 20 mai, on a les désavantages que nous venons de signaler, désavantages qui ne font que croître à mesure que des pluies ou d'autres circonstances viennent encore retarder de plus en plus ces travaux.

Beaucoup de fabricans, appréciant ces inconvéniens, préfèrent planter au commencement d'avril, mais alors des difficultés d'une autre nature viennent les arrêter. Lorsque l'on plante les betteraves de très-bonne heure, il arrive souvent qu'une grande quantité de plants montent en graines *. Ces plants sont à peu près perdus pour la production du sucre. En effet, d'abord les racines ne grossissent plus ; le suc, en s'élaborant pour produire la graine, éprouve une décomposition dans laquelle le sucre disparait ** ; enfin, ces racines deviennent tellement dures que,

---

* Ces graines ne valent rien.

** C'est à tort que quelques auteurs ont prétendu que les betteraves replantées la seconde année comme porte-graines étaient après cet usage aussi propres à donner du sucre qu'auparavant ; le sucre est détruit dans l'élaboration des sucs au profit de la graine, et si

si on les met à la rape, elles usent très-rapidement l'armure et ne sont rapées qu'avec beaucoup de peine. L'un de nous crut qu'il était possible de parer en partie cet inconvénient en profitant d'une observation faite dans un cas analogue : il fit des expériences en grand qui lui réussirent, et il communiqua ses observations à quelques fabricans qui s'en trouvèrent également bien. Voici ce qu'il suffit de faire. Il faut, lorsque l'on plante assez tôt pour craindre que les betteraves ne montent en graines, n'employer dans la plantation que de vieilles graines de 2 ou 3 ans. Nous avons dit qu'on évitait ainsi cet inconvéniant en partie, parcequ'en effet il a encore lieu quelquefois malgré cette précaution. Mais on a toujours une bien moindre quantité de plants dans cet état.

Pour le reste des plantations, la graine de l'année est préférable à la vieille ; toutefois la vieille est encore assez bonne pour être employée sans crainte, et l'on ne devrait jamais négliger de garder chaque année une portion de graines vieilles pour faire l'année suivante les premières plantations.

Plantation.

Nous avons indiqué, dans le paragraphe précédent, les époques plus ou moins favorables pour la semaille ou la plantation * des betteraves, et nous avons insisté sur la

---

quelques racines en contiennent encore, c'est que la production de la graine n'a pas été ce qu'elle devrait être. C'est pour cela qu'il en reste encore un peu dans les betteraves qui montent en graines la première année. Nous avons souvent examiné des betteraves porte-graines plantées à cet effet, et toujours elles ne contenaient plus de sucre.

* *Semer* devrait uniquement signifier mettre de la semence, des graines en terre ; et *planter*, mettre des plantes en terre ; mais l'on confond souvent ces deux termes, ou bien on leur assigne des distinctions

nécessité de faire cette opération à l'époque la plus favorable. Nous allons maintenant indiquer les principaux modes de semaille ou plantation.

Mais d'abord, quel que soit le mode que l'on emploie, il faut que la terre soit bien préparée, qu'elle conserve une certaine humidité intérieure ; qu'elle soit bien divisée, mais aussi un peu tassée : les terres blanches, ou celles qui sont à peu près de même nature, sont les seules auxquelles une trop grande division puisse quelquefois nuire ; les autres n'auront jamais été assez divisées et ameublies, dès que l'on a soin de les rouler convenablement.

Le semis à la volée est certainement la méthode la plus simple, mais elle est si défectueuse, sous tous les rapports, qu'elle est presqu'universellement abandonnée; aussi, n'en parlerons-nous pas.

Le plantoir a longtems été généralement employé dans le département du Nord. La figure çi-contre fait voir la forme qu'on lui donnait. B, B, B, B, sont quatre chevilles de fer que le planteur, en appuyant sur le manche A, fesait entrer en terre et qui formaient des trous dans lesquels des femmes

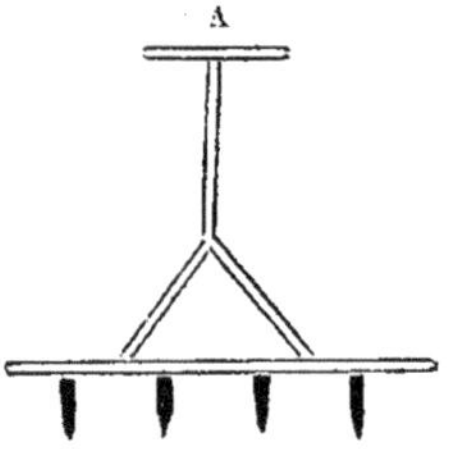

qui suivaient l'instrument, plaçaient la graine ; d'autres femmes suivaient les premières et recouvraient les trous.

On a presque généralement abandonné cet instrument et avec raison ; en effet, on peut difficilement surveiller les femmes qui mettent les graines dans les trous, et il arrive souvent qu'elles en mettent plus qu'il n'en faut dans les uns et en laissent un grand nombre vides. Lorsque

différentes de la véritable. Nous les emploierons donc de la manière vicieuse, que prescrit l'usage, ainsi que les mots *semaille* et *plantation.*

l'on retire le plantoir, la terre des côtés du trou tombe en partie au fond, et il se trouve des trous bouchés aux deux tiers, d'autres à moitié, d'autres au tiers; et la graine placée dedans est ainsi enterrée à des profondeurs très-inégales et par suite lève à des époques différentes. Rien n'est plus nuisible : les betteraves premières venues étouffent celles qui lèvent plus tard, et les empêchent de produire. On ne sait jamais à quoi s'en tenir sur la nécessité de ressemer, lorsqu'on a employé cet instrument; car on croit voir lever de nouvelles plantes de jour en jour, longtems après la levée des premières. Enfin, lorsque l'on met suffisamment de graines pour avoir une bonne levée, c'est-à-dire, 15 à 20 livres à l'hectare, il se trouve dans certains trous (et cela arrive dans le plus grand nombre) une très-grande quantité de plants, quelquefois une cinquantaine; lorsqu'on les enlève pour n'en laisser qu'un seul, on ne peut le faire sans mettre les racines de celui-ci à découvert et le soulever, ce qui le fait souffrir. Ces inconvéniens, et d'autres qu'il serait trop long de signaler, doivent faire proscrire cet instrument.

Nous ne parlerons pas de la semaille par le rayonneur et de quelques autres méthodes peu usitées; nous indiquerons seulement les deux méthodes que nous croyons être préférables à toutes celles essayées jusqu'à ce jour : la semaille au semoir et la semaille à la houe.

Les semoirs employés pour les betteraves sont des semoirs à tambour analogues à tous ceux de cette espèce, qu'on emploie pour les autres graines. La raie est ouverte par un petit soc, et lorsque la graine y est versée par le tambour, des dents de herse la recouvrent aussitôt, et une petite roue passe dessus.

Ces semoirs exigent une assez grande quantité de semence, la répartissent passablement, mais laissent cependant à désirer sous ce rapport. Il arrive aussi quelquefois, quoique très-rarement, qu'un des conduits s'engorge et qu'il se trouve, lors de la levée, des lignes entières sans plantes dans toute la longueur du champ. Il est bien certain que de bons semoirs à régulateurs fonctionneraient mieux que les semoirs à tambour, et il est étonnant qu'on ne les emploie point; (nous n'en avons du moins jamais rencontré chez les fabricans de sucre) soit celui de Hille que M. Dubrunfaut recommande, soit tout autre. M. Hallette avait construit un semoir à régulateur, mais il n'a pu convenablement fonctionner. Nous sommes bien convaincus que si cet habile ingénieur, au lieu d'innover, avait construit son semoir sur les principes des bons semoirs à régulateurs connus, le sien l'eût emporté sur les semoirs à tambour en usage.

Les semoirs * offrent un inconvénient qui consiste en ce que, semant plusieurs lignes à la fois, la distance entre ces lignes se trouve invariablement fixée; tandis qu'il serait quelquefois utile de la varier. Ainsi, pour obtenir le *maximum* de récolte que puisse donner une terre maigre, on pourra, par exemple, n'espacer qu'à 12 pouces, tandis que pour parvenir au même résultat dans une terre plus grasse, il faudra peut-être laisser entre chaque ligne 16, 18 et 20 pouces *. Dans d'autres terres plus grasses encore, il peut arriver que l'on ne veuille pas obtenir son

---

* Les semoirs à brouette et quelques autres semoirs, qui n'opèrent que sur une ligne à la fois, n'offrent pas cet inconvénient; mais nous pensons que lorsqu'on ne veut pas semer plusieurs lignes ensemble, il est toujours plus simple et aussi économique de faire répandre la graine à la main, nous pensons aussi que le travail en est meilleur et plus régulier.

* Il est bon aussi quelquefois, lorsqu'on plante les dernières pièces très-tard, ou qu'on ressème, d'espacer moins les lignes, attendu que les betteraves ne doivent pas avoir tout le tems nécessaire pour se développer, et qu'alors il faut suppléer à la grosseur par la quantité.

maximum de récolte, parce qu'on craindrait pour la qualité des betteraves ; il conviendra de rapprocher alors les
lignes, pour obtenir de plus petites racines. La semaille à
la houe, que nous allons décrire, permet d'arriver facilement à ce résultat, qui est impossible avec les semoirs.

Un autre inconvénient de ces derniers instrumens, c'est
qu'on ne peut, d'une manière facile, enterrer la graine plus
ou moins profondément, selon que la terre, plus ou
moins pleine de mottes, plus ou moins sèche, l'exige. On
l'obtient, au contraire, facilement par l'autre méthode.

Enfin, la semaille à la houe nous semble aussi l'empor-
ter sur le semoir par cette autre considération : Il est d'u-
ne importance extrême, comme nous l'avons vu page 71, de
planter le plus de terres possible dans l'espace de tems
très-court du 15 avril au 20 mai. Comme dans toutes
les exploitations où l'on cultive en grand la betterave, on
n'a jamais assez de chevaux ou de bœufs pour préparer
toutes les terres que l'on destine à cette culture dans un
laps de tems aussi rapproché, on est forcé d'en planter
une partie plus tard ou plus tôt. Mais si l'on est obligé de
distraire plusieurs chevaux de ce travail, pour les employer
à l'usage du semoir, c'est autant de terres de moins plantées en tems convenable. Il n'y a que les personnes qui
ont cultivé en grand, longtems et avec soin la betterave,
qui apprécient à sa juste valeur cette circonstance, et
nous pensons que si le semoir avait beaucoup d'autres
avantages, cet inconvénient seul pourrait quelquefois
suffire pour déterminer le cultivateur à ne pas l'employer[*].

---

[*] Nous pensons que, dans une ferme, une bonne comptabilité d'après
la tenue des livres en parties doubles, et telle qu'elle existe à Roville,
Grignon et beaucoup d'exploitations remarquables, est une chose excellente. Elle permet de tenir compte de tout, et d'estimer tout à sa

La semaille à la houe s'opère de la manière suivante. Un homme ouvre avec une petite houe ou *razette* qu'il tient inclinée de manière à faire entrer un des angles en terre, une raie de quelques pouces de profondeur. Un cordeau tendu transversalement aux deux extrémités du champ, au moyen de deux petits piquets, lui sert de guide. Après cette première ligne, il en trace une seconde parallèle à la première, puis une troisième, une quatrième et ainsi de suite. Une femme suit, tenant d'une main un petit panier plein de graines, et sème, avec l'autre main, les graines qu'elle prend dans le panier. Avec

juste valeur. Mais pour cela, il faut avoir égard dans l'estimation de chaque chose à toutes les circonstances, si l'on ne veut pas qu'au lieu de servir, elle induise en erreur. Ce résultat sera le fruit du tems. Si, par exemple, pour calculer les avantages respectifs de la semaille à la houe et au semoir, on ne prenait d'autres bases que celles généralement admises maintenant, on arriverait à des résultats erronés. En effet, on compte ce que coûte un cheval toute une année, l'on en déduit le prix d'un jour de travail de cheval, et à toute époque, ce prix est le même, soit de 2 fr., tandis qu'on devrait assigner des prix différens selon les diverses époques. C'est ainsi que nous pensons qu'à telle époque de l'hiver, nous aimerions mieux employer une journée d'un cheval pour tel travail que de payer 50 centimes ; et à une autre époque, telle que celle de la semaille des betteraves en tems favorable, nous donnerions 6 fr. pour un travail, préférablement à y employer une journée de cheval. La journée de cheval n'a donc réellement de valeur pour le cultivateur que 50 centimes à la première époque, et 6 fr. à la seconde, et cela se rapporte parfaitement au cas dont nous parlons : car on sème et l'on prépare les terres en même tems, et si l'on obtient plus de bénéfices, en payant par exemple 6 fr. de main-d'œuvre, à planter à la houe qu'à y employer une journée de cheval, c'est que cette journée, à cause de la préparation des terres qui est instante, a acquis une valeur de 6 f. Nous pensons qu'il sera utile de faire entrer ces élémens de variation dans la tenue des livres d'une ferme, du moins pour les cas les plus généraux ; on devra donc assigner un prix moindre à la journée d'un cheval en hiver, plus grand en été, plus grand encore lors des semailles de mars, et plus grand surtout au tems de la récolte.

un peu d'habitude, et en fesant constamment jouer le
pouce sur les doigts, elle répartit la graine dans la raie
avec beaucoup de régularité. Une seconde femme suit la
première, et en promenant alternativement les deux pieds
sur la raie, recouvre la graine. L'homme qui tient la houe
doit toujours être d'une ligne en avant sur la première
femme, et celle-ci également d'une ligne en
avant sur la seconde. L'homme et la seconde femme doivent marcher dans le même
sens, et la première femme dans le sens
contraire, ainsi que l'indiquent les trois
flèches ci-contre; de sorte que l'homme et
la première femme se trouvent en même
tems arrivés aux deux extrémités opposées du
champ A et B, et ôtent ensemble les piquets
qui tiennent le cordeau pour les reporter à la ligne suivante. 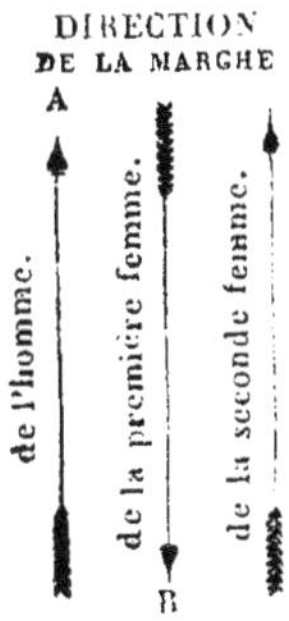
Ces trois personnes peuvent ainsi semer 45 ares de terre
par jour. On voit que quand la main-d'œuvre est à bas
prix, ce mode n'est pas plus cher que le semoir, surtout
si l'on compte les journées de chevaux d'après la valeur
que leur assigne le grand besoin que l'on en a à cette époque. D'ailleurs, il a sur le semoir plusieurs grands avantages qui consistent à permettre de faire varier facilement
l'écartement des lignes et la profondeur de la raie, de répartir mieux la graine, d'exiger même moins de semence
à cause de cette plus égale répartition. Tous ces avantages
peuvent rarement être contrebalancés, dans le semoir, par
l'économie de main-d'œuvre, même lorsqu'elle serait très-
chère. La plantation à la houe est très-usitée dans les environs de Valenciennes.

Nous n'avons parlé que du semis en place, parce que
l'expérience des grandes cultures de la Flandre semble
prouver qu'il est de beaucoup supérieur au semis en pépinière avec repiquage. Cependant le sentiment d'un homme

aussi éclairé et aussi consciencieux que M. de Dombasles, qui recommande ce dernier mode, prescrit une grande circonspection dans le jugement à porter sur cette matière. Peut-être n'en est-il pas de même dans certaines parties de la France ; mais, dans le nord, un champ complet de betteraves repiquées ne produit pas à beaucoup près la récolte d'un champ semé en place. M. de Dombasles a décrit le mode de culture dont nous parlons, dans le dernier volume des annales de Roville, où peuvent l'étudier ceux qui désirent le mettre en pratique.

Quant au repiquage que l'on exécute pour remplacer dans les lignes, après la semaille, ceux des plants qui ont péri, ou ceux qui ne sont pas venus ; il produit rarement de bons résultats ; car, s'il est vrai qu'en tout état de choses, une betterave repiquée ne prenne jamais l'accroissement d'un plant semé en place, l'expérience en devient bien plus évidente, quand le plant repiqué se trouve entre plusieurs plants semés qui l'étouffent : il reste alors si chétif, que souvent il eût été préférable de ne pas repiquer du tout. M. Hamoir de Saultain a pensé qu'il serait possible de remédier en partie à cet inconvénient. Il fit prendre dans la pièce même, pour repiquer, des plants de la grosseur de deux ou trois doigts. Un ouvrier avec une bêche donne 3 à 4 coups autour du plant, puis l'enlève sur sa bêche avec le plus de terre possible ; un trou propre à recevoir le plant avec sa motte de terre est préalablement fait par un autre ouvrier ; quand le plant y est déposé, quelques coups de bêche donnés à l'entour réunissent les terres. Cette méthode est beaucoup meilleure que les autres ; les racines souffrent infiniment moins et donnent encore d'assez bons produits : on peut donc l'employer avec avantage. Elle est moins coûteuse qu'elle ne parait au premier abord ; un ouvrier repique dans une journée une très-grande quantité de plants. Mais il faut, autant que possible, par une semaille bien réglée, faire en sorte de n'être pas obligé d'y avoir recours; car jamais les betteraves, qui ont subi cette opération, ne sont comparables à celles levées en place. Cependant, on ne peut quelquefois l'éviter, lorsque des vers viennent ronger les plants à leur naissance, ce qui n'arrive que trop souvent:

Sarclages. — Insectes nuisibles. — Maladies.

La culture de la betterave nécessite des sarclages nombreux. Il ne faut point espérer de bonnes récoltes, si les plantes parasites ne sont enlevées avec le plus grand soin et la plus grande promptitude. Souvent on les enlève d'abord à la main aussitôt la levée des betteraves, quelquefois même quand cette levée n'est pas encore complète, ou que les plants sont si petits que l'on a de la peine à les apercevoir. On sarcle ensuite à la houe à main, ou à la houe à cheval.

M. de Dombasles regardait l'emploi de la houe à cheval comme particulier à la méthode de repiquage. On ne peut, disait-il, l'employer dans les semis à demeure, parce qu'à l'époque où le premier sarclage est nécessaire, le plant est ordinairement trop faible pour permettre l'emploi de cet instrument; et, comme on est forcé de remplacer par le repiquage les grains qui n'ont pas levé ou qui ont péri, il devient impossible de les aligner avec assez d'exactitude pour que la houe à cheval puisse travailler entre les lignes sans en détruire beaucoup. M. de Dombasles avait raison à cette époque, et cette considération devait militer en faveur du semis en pépinière. Mais il n'en est plus de même aujourd'hui. On est parvenu à semer les betteraves en lignes, avec assez de perfection pour qu'il ne soit plus besoin de faire de repiquage intercallé, ou du moins, ce repiquage, qui était la règle, est devenu l'exception. C'est ainsi, par exemple, que les fabricans de sucre des environs de Valenciennes, qui sèment à la houe, ne comptent guères que 4 à 5 mesures sur 100 semées, dans lesquelles ils doivent faire des repiquages. Ainsi donc, la houe à cheval peut maintenant très-bien servir dans les champs de betteraves semées à demeure et en lignes. Ainsi donc, les cultivateurs, sans être obligés d'adopter le semis en pépinière, peuvent choisir entre le sarclage à la houe à main et le sarclage à la houe à cheval.

Le premier de ces deux modes est plus coûteux, mais il remplit mieux le but; il est le seul usité dans le nord de la France; cependant nous pensons que là seulement il peut supporter la comparaison avec le sarclage à la houe à cheval, car là seulement l'on trouve de nombreux ouvriers qui ont acquis une grande habileté dans la pratique de ce procédé, et qui exécutent avec leur petite houe, appelée razette, les sarclages avec une grande perfection et une grande promptitude. Cependant le prix des journées, qui dans ces contrées s'élève depuis plusieurs années, et qui semble devoir s'élever de plus en plus, fera probablement abandonner tôt ou tard le sarclage à la razette pour le sarclage à la houe à cheval; et il serait utile que les cultivateurs commençassent dès à présent à manier cet instrument. La houe à cheval de M. de Dombasles fonctionne très-bien, mais elle a, comme tous les instrumens du même genre, cet inconvénient, que le cheval, lorsqu'on le fait tourner aux extrémités du champ, écrase quelquefois des plants de betteraves. C'est très-peu de chose lorsque les pièces de terre sont longues; c'est beaucoup dans le cas contraire. C'est donc un inconvénient véritable dans le nord, où les propriétés sont très-divisées *.

* Nous n'avons pas encore parlé du semoir et de la houe à cheval de M. Hugues, parce que nous n'avons pas encore réuni tous les renseignemens qui nous sont nécessaires pour bien apprécier ces deux instrumens, auxquels nous consacrerons un article dans un de nos prochains numéros. *(Note des éditeurs.)*

Le nombre de sarclages nécessaires varie avec la propreté de la terre, le tems qui survient après chaque opération, le soin qu'on y a apporté, la rapidité de l'accroissement des racines et beaucoup d'autres circonstances ; mais généralement on donne trois ou quatre sarclages.

Le premier but du sarclage est, comme nous l'avons dit, de nettoyer la terre des herbes parasites ; mais cette opération a aussi pour objet d'ameublir le sol, de l'aérer et de permettre aux racines de prendre avec facilité leur développement ; les derniers sarclages ne servent, pour ainsi dire, que sous ce dernier rapport. Aussi a-t-on grand soin de labourer la terre avec la houe autour de la betterave à une grande profondeur.

Pendant la croissance de la betterave et à l'époque des divers sarclages, on a occasion d'observer que cette plante, assez robuste, ne laisse pas cependant d'être attaquée quelquefois, soit par des insectes, soit par des maladies. Le cultivateur en éprouve même quelquefois des pertes assez considérables.

Nous n'avons jamais rencontré dans le nord de plants attaqués du *pied-chaud*, quoique cette maladie paraisse être assez commune dans d'autres parties de la France. Ne pouvant en parler par expérience, puisque nous n'avons jamais eu l'occasion de l'observer, nous n'en dirons rien, et nous renverrons ceux qui voudraient la connaître aux ouvrages de M. de Dombasles et de M. Dubrunfaut.

Nous avons souvent vu les plants dans leur jeunesse et lorsqu'ils viennent à peine de lever, attaqués par un petit insecte dont nous nous occuperons de déterminer l'espèce, mais qu'il nous est impossible actuellement de bien décrire, ne l'ayant pas suffisamment observé.

Cet insecte se rencontre principalement dans les terres fortes et en bon état de fumure. Chaque plant qu'il attaque périt, s'il n'a encore que deux à quatre feuilles, et souvent il a fallu ressemer des champs entiers dont les plantes avaient été presque complètement dévorées par cet insecte. Lorsque la betterave a acquis six feuilles, elle est à peu près à l'abri du danger ; l'insecte se portant sur les feuilles et les rongeant, continue à mutiler la plante, mais ne la fait plus périr. Les insectes dont nous parlons, sont assez difficiles à découvrir à cause de leur petitesse ; cependant, à l'aide de quelqu'indication, on peut parvenir à les apercevoir ; voici dans quelle occasion il faut les rechercher. Si l'on a vu une pièce de terre très-bien levée, bien également, sans manque de plants, enfin de la plus belle apparence ; si quelque tems après, une partie des plants a disparu, comme par enchantement ; si vous apercevez que le nombre en diminue encore chaque jour, vous pouvez être assuré de la présence de ces insectes. Cherchez au pied de ceux des plants restans qui commencent à se flétrir, et vous les trouverez ; écrasez-les, et vous verrez leur corps plein d'une liqueur verdâtre formée par l'élaboration du suc des feuilles. Nous ne connaissons pas de remèdes ni de moyens de destruction de ces insectes ; on évite seulement leur voracité en semant tard et avec beaucoup de graines. Le semis opéré ainsi dans une saison plus avancée, et lorsque la terre est plus échauffée, donne lieu à une levée plus prompte, à un accroissement plus rapide des jeunes plants, qui acquièrent bientôt leurs six feuilles, moment où ils sont à l'abri du danger. La plus grande quantité de graines fait aussi que les ravages deviennent moins sensibles et qu'avec beaucoup de plants dévorés, il en reste encore suffisamment. Le repiquage de plants pris dans une pépinière, à l'époque où ils ont plus de six feuilles, éviterait tous ces inconvéniens ; mais, d'un autre côté, comme on ne peut prévoir celles des pièces de terre dans lesquelles se jetteront ces insectes, s'ils se jetaient dans la pépinière même, le résultat de leurs ravages serait bien plus désastreux.

Nous avons vu dans certaines années des cultivateurs avoir de huit à dix p.%₀ de leurs terres à betteraves ainsi attaquées, mais les ressemailles tardives avec excès de graine ont toujours réussi, sans donner cependant les produits d'une récolte semée en tems opportun.

Lorsque la betterave a pris plus de développement, à l'époque où elle reçoit son second ou son troisième sarclage, elle est assez souvent attaquée de nouveau par un autre insecte plus à craindre encore que celui dont nous venons de parler : Cet insecte est la larve du hanneton, connue sous le nom de *ver blanc*.

La femelle du hanneton, à l'époque de la ponte, creuse un trou dans la terre à la profondeur de six à huit pouces, dans lequel elle dépose ses œufs. De ces œufs naissent les *vers blancs*, larves molles blanchâtres, à tête brune. Ces insectes restent quatre ans dans la terre à l'état de larves, et se transforment ensuite en hanneton. C'est pendant son séjour en terre que le ver blanc fait le plus de ravages.

Lorsque le ver blanc a attaqué une betterave, on voit immédiatement ses feuilles se flétrir ; qu'on l'arrache et l'on trouve l'insecte à la racine. On ne doit jamais balancer à arracher ainsi tout plant dont les feuilles flétries annonceront la présence de cet insecte et à détruire l'insecte que l'on trouve à la racine. Nous avons dit que cet insecte est plus à craindre que celui dont nous avons parlé précédemment, parce qu'en effet, le premier, attaquant les plantes dès leur levée, laisse la ressource des ressemailles, tandis que celui-ci permet même rarement de repiquer, vu l'époque avancée à laquelle il opère ses ravages ; et, d'ailleurs, le repiquage intercallé est une pauvre ressource. Dans certaines années, on ne rencontre point de vers blancs, dans d'autres on en voit de grandes quantités. On ne connait guères de préservatifs contre ce danger; on doit cependant, lors des labours, avoir soin que ces insectes soient écrasés chaque fois qu'on les rencontre. Malheureusement ils s'enfoncent en hiver à plus d'un pied sous terre et ce n'est guères que les labours de printems, surtout ceux un peu tardifs qui les laissent paraître. Les gelées peuvent aussi difficilement les atteindre à la profondeur à laquelle ils se trouvent, mais lorsqu'elles sont assez fortes pour produire cet effet, c'est là la meilleure chance de destruction de ces insectes. On doit aussi, chaque sarclage, faire écraser avec soin ceux qu'on rencontre en terre, et ceux qui se trouvent aux pieds des betteraves.

M. Dubrunfaut parle ainsi d'une espèce de maladie que subit quelquefois la betterave : « J'ai remarqué souvent, » dit-il, à l'époque des récoltes, un trou plus ou moins » profond et plus ou moins grand qui se trouve sous le » collet des betteraves, et qui forme comme une plaie que » l'on pourrait considérer comme une maladie ou comme » le résultat d'une consomption produite par des vers et » des insectes. En observant attentivement cet accident, » qui est plus fréquent dans les années pluvieuses, il est » facile de reconnaître qu'il n'est que le résultat d'une » simple action mécanique des eaux. Pour remarquer distinctement l'accident dont il est ici question, il suffit » de couper par moitié, dans le sens de la longueur, » la betterave qui en est attaquée, et l'on remarquera une cavité souvent proportionnelle à la dimension de la racine. Cette cavité a ses parois salis par » de la terre, et annonce par-là même que l'eau bourbeuse y a séjourné. On trouve même l'ouverture par » laquelle l'eau s'y introduit à la naissance des pétioles » des feuilles; de sorte qu'il est probable qu'à une certaine époque de la végétation l'eau pluviale vient se loger entre les pétioles, et que lorsque par leur disposi-

» tion elle trouve à y séjourner, elle forme un trou dans
» le collet par une action purement mécanique, et que
» d'autres pluies venant remplir ce trou, le grandissent
» et le rendent enfin tel que nous sommes à même de
» l'observer. Il est inutile de faire remarquer qu'un peu
» de terre se mêle à ces eaux et forme la bourbe qui ta-
» pisse les trous dont nous parlons. Au reste, cet accident
» n'a aucun inconvénient; il ne gêne en aucune manière
» la végétation, et n'altère nullement les qualités saccha-
» rines de la betterave. »

Nous ne pouvons partager l'opinion de M. Dubrunfaut
sur la cause de cette maladie qu'il attribue aux pluies,
puisque nous avons remarqué qu'elle attaque beaucoup
plus de plants dans les années sèches que dans celles où il
pleut beaucoup. Par exemple, cette année a été très-sèche,
et cependant elle est remarquable sous le rapport de la
grande quantité de racines qui ont subi cette consomption, mais nous n'apercevons nullement la cause qui
peut produire cet effet. Nous n'affirmerons pas que cette
maladie altère les qualités saccharines de la betterave,
mais nous croyons aussi pouvoir affirmer que du moins
elle est le signe de cette altération. Les betteraves attaquées
de cette maladie, donnent toujours, lors de leur manipulation, toutes choses égales d'ailleurs, un travail plus difficile et un jus d'une qualité inférieure.

Tels sont les insectes ou les maladies qui s'attaquent
aux betteraves; nous n'en avons du moins pas remarqué
d'autres; nous en avons parlé dans l'article des sarclages,
parce que c'est pendant l'époque de ces travaux qu'on
peut le mieux les observer.

Arrachage.

L'arrachage des betteraves commence, dans les grands
établissemens, vers le 1ᵉʳ septembre et continue jusqu'en

décembre. Une foule de circonstances peuvent engager les fabricans de sucre à arracher leurs betteraves à telle ou telle époque. Contrairement à ce qu'ont dit la plupart des auteurs, nous pensons que la betterave n'est jamais mûre pour l'arrachement, c'est-à-dire, que nous avons toujours remarqué, et que nous avons été confirmés dans cette opinion par plusieurs fabricans, que les betteraves gagnent constamment en terre jusque dans la saison la plus avancée ; les racines gagnent en grosseur et le jus en densité. Nous en avons suivi ainsi jusqu'à la fin de décembre et nous avons constamment observé les mêmes résultats. On a dit que lorsque les feuilles jaunissent, les betteraves ont atteint leur maturité et qu'elles ne peuvent plus que perdre à rester en terre. Il est possible qu'il en soit ainsi dans quelques contrées, mais chez nous, nous avons toujours remarqué qu'il n'en est rien. Les feuilles jaunissent plusieurs fois pendant la durée de la végétation, mais une pluie souvent leur fait reprendre toute leur verdure : cependant, vers le mois d'octobre, les feuilles de l'extrémité de la couronne jaunissent plus fortement, se flétrissent et tombent ; mais presque toujours les feuilles qui restent, reprennent bientôt toute leur verdure et la betterave continue à végéter vigoureusement, les racines grossissent et le suc augmente de densité. Ainsi donc, il semble qu'on ne devrait arracher les betteraves que le plus tard possible, si d'autres circonstances, qui ont trait à la conservation, ne forçaient au contraire les fabricans à arracher de meilleure heure la plus grande partie de leurs produits. Nous ne pouvons examiner cette question qu'en parlant de la conservation, à cause des autres questions qui s'y rattachent.

Ce sont le plus ordinairement des hommes, mais quelquefois même des femmes qui arrachent les betteraves, en les enlevant à l'aide d'un loucher. On coupe ensuite le collet de la racine, soit partiellement, sur un plan perpendiculaire à l'axe, soit complètement, en enlevant cette espèce de chapeau par des coupures successives tout autour du collet. Dans le premier cas, on peut se servir du loucher, en plaçant les racines sur la terre et coupant d'un coup de fer frappé avec netteté, ou mieux en prenant la betterave à la main et la coupant avec une serpe ou un couteau ; dans le second cas, on se sert toujours du couteau. Cette opération d'enlèvement du collet se fait presque toujours par des femmes.

M. de Dombasle se sert, pour arracher les betteraves, d'une charrue araire semblable en tous points, à l'exception du versoir, à l'araire si connue qui porte son nom ; une pièce de bois triangulaire remplace la partie antérieure du versoir comme si l'on eût coupé ce versoir verticalement, immédiatement derrière la partie que l'on appelle l'estomac, et qui sert à soulever la bande de terre avant qu'elle soit retournée par la partie postérieure du versoir qui se trouve supprimée ; on attèle la charrue disposée ainsi, de 2 ou 4 chevaux, selon la nature du sol, et on la fait passer immédiatement à côté des lignes de betteraves en fesant piquer le soc assez profondément pour pénétrer au-dessous des racines : on les soulève ainsi suffisamment, pour qu'il soit facile de les tirer à la main ; cet instrument convient également pour l'arrachage des carottes en lignes. Nous ne parlons ainsi de cette charrue que nous ne connaissons pas, que d'après M. de Dombasle, qui s'en sert avantageusement, et qui remplace par cet instrument trente ouvriers au moins. Nous conseillons aux fabricans de sucre d'essayer ce mode d'arrachage.

Les betteraves arrachées et décolletées sont mises en petits monts qui permettent aux voitures de chargement de parcourir le champ sans écraser de racines, elles sont ensuite chargées sur les voitures et menées dans les conserves, silos, caves ou magasins, ou directement à la fabrique pour y être manufacturées.

Les feuilles et les collets sont laissés sur le champ et peuvent équivaloir à $^1/_4$ de fumure, lorsqu'ils sont enterrés immédiatement.

Nous ne nous étendrons pas davantage sur l'arrachement des betteraves, attendu que presque toutes les questions qui s'y rattachent, se trouveront naturellement examinées dans le chapitre de la conservation. Ainsi, c'est là seulement que nous devrons rechercher la combinaison la plus favorable des époques de l'arrachement, la supériorité relative des deux modes de décolletage, s'il est avantageux d'enlever toute la terre adhérente aux racines, le tems le plus favorable à l'arrachage, s'il est utile de laisser écouler plus ou moins de tems entre l'arrachage et l'enlèvement des racines, et beaucoup d'autres questions éminemment importantes, quoiqu'elles paraissent à peine de peu de valeur.

CONSERVATION.

Un changement complet s'est opéré dans les méthodes de conservation des betteraves, et ce changement est le plus grand progrès qu'ait obtenu l'industrie des planteurs indigènes. Ce changement de méthode s'est manifesté en 1830. Jusqu'à cette époque, tous les fabricans avaient pour principe qu'ils pouvaient en toute sûreté arracher leurs betteraves à la fin de septembre et au commencement d'octobre; qu'ils devaient les laisser ressuyer parfaitement sur les champs, à l'air et au soleil, avant de les mettre en silos, et cela pendant un assez long tems; qu'ils devaient, ensuite, ne les transporter en fosses que par un tems sec.

Les fabricans étaient d'accord à cet égard, et les deux savans à qui l'industrie-sucre doit le plus, M. Dubrunfaut et M. de Dombasle, partageaient l'opinion générale. Il n'a fallu rien moins qu'une année excessivement

désastreuse, pendant laquelle ces méthodes furent sui-
vies avec plus de rigueur que jamais, pour ouvrir les
yeux aux fabricans ; cependant l'erreur était tellement
générale et tellement enracinée, que certaines personnes
prétendirent encore que, si les betteraves s'étaient altérées, c'était parce qu'on ne les avait pas encore laissées
ressuyer suffisamment : mais il fallut bientôt passer con-
damnation. On vit clairement que ces racines ne doivent
être arrachées que le plus tard possible, et être mises en
conserves, fraîches, et aussitôt leur arrachement ; on reconnut qu'il faut beaucoup moins craindre l'humidité que
la sécheresse et la chaleur, comme nous allons le démontrer. Quand nous disons que les betteraves doivent être
arrachées le plus tard possible, nous ne parlons que de
celles que l'on veut conserver ; car pour les travailler de
suite, on peut les arracher dès le commencement de septembre.

Les betteraves que l'on veut conserver sont amenées des
champs et mises dans des magasins, dans des caves ou
dans des silos. Les magasins et les caves doivent être à
l'abri de la gelée, et les betteraves ne doivent y être mises
qu'en petits tas. Ce mode est peu usité, et presque partout
on met la récolte en silos. Ces silos sont des fosses plus ou
moins profondes creusées dans des terres argileuses : le
plus ordinairement on leur donne un mètre de large, un
mètre de profondeur, et dix à quinze mètres de longueur.
Quand les betteraves y sont placées, on recouvre la fosse
d'un à deux pieds de terre placée en dos d'âne, et battue
au louchet, pour permettre l'écoulement des eaux.

Examinons ce qui se passe dans les fosses : La betterave, qui est une plante bisannuelle, continue à végéter,
et pousse de jeunes feuilles étiolées, dans lesquelles passe
une partie du sucre. Cependant, c'est à tort que l'on
craint de voir ces jeunes feuilles se produire ; car dans

l'état où l'on met les betteraves en fosses, c'est-à-dire décolletées, il ne peut jamais y avoir qu'une quantité minime
de sucre perdu par cette pousse de feuilles. D'un autre
côté, si la betterave ne poussait point du tout, ce que
beaucoup de fabricans cherchent à obtenir sans raison, ce serait un signe évident qu'elle est morte, et
elle devrait immédiatement se décomposer et pourrir.

Ainsi donc, les betteraves mises en conserves, ou végè-
tent, ou meurent : dans le premier cas, elles poussent ;
dans le second, elles pourrissent. On peut donc chercher
à retarder leur végétation, mais jamais à l'arrêter.

Nous avons dit que les betteraves poussent en fosses,
mais il se passe quelquefois un autre phénomène, elles
s'altèrent ; voici en quoi consiste cette altération :

Les principes immédiats de cette plante se combinent
entre eux, peut-être même avec l'air environnant, et le
sucre cristallisable disparait peu à peu, ou plutôt il se
forme des substances qui s'opposent à son extraction. C'est
une espèce de fermentation qui a plusieurs périodes. On
peut observer, d'abord, une fermentation légèrement acide ; puis une fermentation glaireuse, que l'on reconnait
en coupant la betterave par tranche : on voit que le jus
est devenu visqueux, et, lorsque ce résultat a lieu à un
degré un peu élevé, une grande quantité du sucre de la
betterave en est disparu, ou l'on ne peut plus l'extraire ;
enfin, arrive la fermentation putride. Ces fermentations
acide, glaireuse et putride, marchent toujours dans cet
ordre, et avec plus ou moins de célérité, suivant que les
causes qui les ont produites, ont agi avec plus ou moins
d'intensité et continuent ou non d'agir.

Une des causes les plus grandes de cette altération est la
mort de la betterave.

Il en existe encore plusieurs autres qui sont très-im-
portantes : telle est, par exemple, la chaleur. Ainsi,

lorsque la betterave est laissée sur le champ, avant d'être mise en fosse, elle se ride, devient molle, flasque ; en cet état, elle s'altère dans les conserves. De même, si on la met en fosses par un tems chaud, la chaleur qui s'amasse dans les fosses, détermine l'altération. Comment agit la chaleur dans ce cas? c'est ce que nous ne savons pas exactement. Cependant, on peut croire qu'elle favorise la fermentation, c'est-à-dire, les combinaisons nouvelles des matériaux immédiats auxquelles la betterave est préparée. Cette fermentation, une fois commencée, marche avec rapidité et ne peut plus être arrêtée.

La constitution chimique de la betterave a de l'influence sur sa conservation, et celle qui résulte de la nourriture prise par le végétal, dans un champ fortement fumé, est une des causes de l'altération dans les conserves. Ainsi, toute betterave venue dans un champ fortement fumé, a une constitution chimique qui la dispose à la fermentation.

La non-maturité de la betterave est aussi une des causes d'altération. Quand nous parlons de maturité, nous ne parlons pas exactement, puisque la betterave est une plante bisannuelle, qui ne mûrit que la seconde année, mais voici seulement ce que nous entendons : la constitution de la betterave se modifie à chaque période de la végétation ; entre la première et la seconde période, il y a un intervalle, il y a une suspension de l'action vitale, une sorte de repos de la vie végétative. Si donc, on arrache la betterave au mois de septembre, lorsque la végétation est encore active, lorsque l'absorption puise encore dans le sol une sève qui n'est pas suffisamment élaborée, la racine se trouve très-disposée à l'altération ; plus, au contraire, on tarde à l'arracher, plus elle acquiert la propriété de se conserver ; c'est lorsqu'elle arrive à cette époque que nous disons improprement qu'elle est mûre ; c'est là cette espèce de maturité dont nous voulons parler, qui est due à un changement de constitution des matériaux immédiats, et qui, à ce titre, pourrait rentrer dans la cause d'altération dont nous avons parlé précédemment, c'est-à-dire, la constitution chimique. Nous ne savons au juste en quoi consiste cette modification ; le jus a acquis, à la vérité, plus de densité, mais ce n'est certainement pas cette seule modification qui donne à la betterave la propriété de se conserver, car des betteraves, arrachées en novembre et contenant du jus à 7 d B, se conservent mieux que d'autres arrachées en septembre et contenant du jus à 9 d. ; quelle qu'elle soit, nous la désignerons toujours par le mot *maturité*, n'employant jamais ce mot d'une manière absolue, mais au contraire toujours relative.

Telles sont donc les causes principales de l'altération des betteraves : 1° la mort du végétal, 2° la chaleur, 3° une constitution chimique telle que la produit un sol fortement fumé, 4° la non-maturité. Toutes ces causes n'agissent pas avec la même intensité ; ainsi, la plus dangereuse est la mort du végétal, à celle-là il n'y a nul remède ; la chaleur est aussi très-dangereuse, la constitution chimique a peu d'effets ; la non-maturité est encore plus dangereuse que la chaleur.

D'après ces principes, nous allons examiner quelles sont les précautions à prendre pour la conservation des betteraves.

Il faut éviter tout ce qui peut non-seulement faire mourir la betterave, mais encore lui occasionner des blessures. Il ne faut donc point qu'elle reçoive de coups, de contusions dans l'arrachage, le transport, le déchargement, etc., ou du moins veiller à ce qu'elle en reçoive le moins possible.

Il faut mettre la betterave fraîche en fosses et aussitôt

son arrachement, sans s'inquiéter qu'elle soit humide ou non *; car le point essentiel est de l'empêcher de recevoir, de la chaleur du soleil, ce commencement d'altération qui est le germe de la maladie qu'elle emporte dans les conserves. Si on ne peut le faire, il faut du moins couvrir les monceaux avec des feuilles, afin d'éviter une partie du mal.

Il faut éviter de mettre en fosses, les racines trop sèches ou trop humides : trop d'humidité fait pousser, c'est un mal léger; trop de sécheresse, jointe aux autres circonstances qui se rencontrent dans les fosses, peut faire mourir et par suite pourrir. On pèche plus souvent par excès de sécheresse que par excès d'humidité; il faut éviter l'un et l'autre mal, mais surtout le trop de sécheresse.

Il faut craindre la chaleur dans les fosses ; car, en même tems qu'elle favorise la pousse, elle est aussi une cause très-puissante d'altération. L'humidité, au contraire, favorable à la pousse, ne contribue pas à l'altération. Il vaudrait mieux un peu d'humidité et le moins possible de chaleur.

On doit travailler venant des champs les betteraves provenant de terrains fortement fumés, et mettre en conserves celles provenant de terrains moins engraissés.

Il ne faut pas nettoyer trop fortement les racines que l'on met en fosses, quoiqu'on agisse généralement ainsi ; car on leur occasionne des froissemens, des blessures dont nous avons déjà signalé le danger, tandis que la terre qui leur reste adhérente ne peut être nuisible; elle coûte seulement un peu de transport, mais c'est une considération de peu d'importance.

---

* Nous ne voulons pas dire qu'il faille que la racine soit humide, mais que si on ne peut l'amener à l'état de sécheresse nécessaire que par un séjour au soleil, il vaut mieux la mettre en fosses, si humide qu'elle soit.

Les betteraves que l'on veut conserver, doivent être, autant que possible, récoltées par un tems froid, ni trop sec ni trop humide, mais plutôt humide que sec.

M. Dubrunfaut essaya d'introduire dans une fosse de l'acide sulfureux; comme on le prévoyait, les betteraves furent très-rapidement altérées, car ce gaz délétère les asphyxia, et le végétal mort dut bientôt se décomposer, c'est-à-dire, entrer en pourriture.

Nous devons parler maintenant d'un des points les plus essentiels de la conservation, que nous résoudrons toujours d'après les mêmes principes que nous avons posés. Quelle est l'époque la plus favorable pour la rentrée des betteraves? Quant à celles destinées à être fabriquées immédiatement, on peut commencer dès les premiers jours de septembre, et l'on doit en laisser sur les champs, pour cet usage, assez pour que l'on en ait encore à travailler jusqu'à l'époque où elles pourraient geler. Quant à celles destinées à être mises en conserves, on doit les arracher le plus tard possible, afin qu'elles soient mûres, c'est-à-dire, aptes à être conservées sans altération. Cependant, la gelée vient encore mettre des bornes aux retards que l'on voudrait apporter dans cette rentrée, mais généralement on ne croit pas avoir assez de latitude, et l'on rentre trop tôt.

Pour poser des règles bien précises, il faudrait connaître 1° à quel degré les betteraves peuvent être gelées, ou du moins à quel degré elles peuvent l'être assez fortement pour qu'elles ne puissent se dégeler dans les fosses sans pourrir*.

---

* Comme nous l'exposerons plus tard, nous n'attribuons point l'altération des betteraves à la gelée, mais à un changement brusque de température, qui brise les cellules, et cause la mort de la plante. Ainsi, l'un de nous essaya de faire dégeler des racines dans les conserves en les mettant en fosses avant le dégel; elles se conservèrent, parce que sans doute la transition de température ne fut pas brusque. Ces

2º Il faudrait connaître, par des expériences d'un grand nombre d'années, à quelle époque il gèle au degré nécessaire pour atteindre ainsi les betteraves.

Pour le premier point, comme, suivant sa densité ou d'autres circonstances que nous analyserons tout-à-l'heure, la betterave peut geler à une température différente, il faudrait des expériences faites en grand nombre pour en dresser un tableau. Nous provoquons à cet effet l'attention des fabricans, nous les engageons à faire de nombreuses expériences à ce sujet, de la manière que nous allons indiquer tout-à-l'heure, et à nous les communiquer. En attendant, on peut regarder comme une approximation la limite de 6 degrés Réaumur au-dessous de zéro, que peut subir sans inconvéniens une betterave dont le jus pèse 8 d. B. lors de sa mise en fosses.

Pour le second point, c'est-à-dire, pour connaître à quelle époque il gèle au degré nécessaire pour atteindre telle ou telle espèce de betteraves, il faudrait, après avoir formé le premier tableau dont nous venons de parler, en dresser un second qui indiquât, d'après des expériences d'un assez grand nombre d'années, qu'il n'a jamais gelé à tel degré avant telle époque; par exemple à — 4 degrés Réaumur avant tel jour de l'année, à — 5 d. avant tel autre jour, et ainsi de suite. Or, ce tableau nous l'avons formé, d'après une série d'expériences faites à l'observatoire de Paris pendant dix-huit années, avec tous les soins que l'on apporte aux expériences dans cet établissement. Nous croyons que ce tableau peut être extrèmement utile aux fabricans de sucre; car, en le comparant au premier tableau quand il pourra être dressé, ou en attendant,

faits furent accompagnés de circonstances dont nous devrons parler plus tard; nous les mentionnons ici pour expliquer l'idée que nous attachons aux mots : *à quel degré les betteraves peuvent être gelées de manière à ne pouvoir se dégeler dans les fosses sans pourrir.*

aux approximations données plus haut, il leur sera facile de tirer la conséquence qu'ils peuvent, sans aucune crainte, différer jusqu'à telle époque de rentrer telle espèce de betteraves, mais qu'il serait imprudent d'attendre plus longtems : ils pourront donc calculer avec plus de certitude l'époque de la rentrée et de la mise en fosses de leurs betteraves.

TABLEAU

DES ÉPOQUES DE GELÉE LES PLUS AVANCÉES, AU CLIMAT DE PARIS.

(Les nombres de la première colonne indiquent les degrés du thermomètre centigrade au-dessous de zéro ; et ceux de la seconde colonne, les époques les moins avancées de l'année auxquelles le thermomètre soit descendu à ces degrés.)

NOMBRE DES DEGRÉS.	DATE.
1°	10 novembre.
2°	12 —
3°	13 —
4°	14 —
5°	22 —
6°	23 —
7°	15 décembre.
8°	21 —
9°	23 —
10°	23 —
11°	24 —
12°	26 —
13°	27 —
14°	27 —

On voit, par l'inspection de ce tableau *, que pendant les 18 années d'expériences, il n'a jamais gelé à —5° avant le 22 novembre, à —6° avant le 23 novembre, à —7°

* Voir le commencement de l'article.

avant le 15 décembre, etc., et certes, d'après cela, nous pouvons à peu près dire qu'il ne gèle jamais à ces degrés avant ces diverses époques. Ces expériences faites à Paris, peuvent subir une légère modification dans les autres parties de la France, mais une modification peu considérable.

Ainsi donc, on peut sans crainte, différer, jusqu'au 15 décembre, de rentrer des betteraves que l'on serait assuré être susceptibles de supporter une gelée d'environ 7 degrés. Pour le nord de la France, on ne devrait point, cependant, s'exposer à différer plus longtems que le 22 novembre, époque à la quelle il arrive quelquefois au climat de Paris des gelées de —5°. Il est toujours entendu que nous ne parlons que des betteraves destinées à être conservées.

Quoique ces époques que nous venons d'indiquer soient les plus rapprochées auxquelles il gèle à ces degrés, et que des gelées aussi précoces puissent n'arriver qu'une fois tous les 7 ou 8 ans, il ne serait pas raisonnable de compter qu'elles n'arriveraient point certaines années à ces époques, et de remettre l'arrachement d'une partie quelconque de sa récolte à un tems plus reculé, si l'on a nécessairement besoin de mettre cette partie de récolte en conserves.

Ainsi donc, nous pensons que le fabricant pourra se servir avec utilité du tableau ci-dessus, comme d'une des données les plus exactes qu'il puisse faire entrer dans ses prévisions et ses calculs.

Nous avons dit qu'il serait utile que l'on pût dire : telle betterave dans telles circonstances peut supporter tel degré de gelée sans danger, afin de se guider avec plus de certitude sur celles que l'on doit rentrer les premières, et sur l'époque à laquelle chacune doit être rentrée. Voici comment nous désirerions que les fabricans fissent des expériences à ce sujet.

Les betteraves exigent un degré de froid d'autant plus intense pour geler, que leur jus a une plus grande densité. — De plus, les betteraves sont d'autant moins susceptibles d'être altérées par la gelée, ou plutôt par le dégel, que ce dégel s'opère d'une manière moins brusque. Ainsi, des betteraves non arrachées, non-seulement supportent un degré de froid plus grand, mais aussi se dégèlent moins brusquement et sont moins susceptibles d'être altérées ; il en est de même des betteraves mises en monceaux recouverts de feuilles ou d'un peu de terre, il en est de même aussi de celles qu'on mettrait en fosses avant leur dégel.

Voici, à cet égard, ce qui nous est arrivé. L'un de nous fit mettre en fosses des betteraves gelées assez fortement ; et, après plusieurs mois, elles furent retirées très-saines des fosses ; cette expérience avait été faite dans l'intention de s'assurer si ce n'était point le changement brusque de température, comme nous le présumions, et non la gelée, qui altérait la betterave. Cependant, si elle était gelée à un degré plus fort, elle pourrait s'altérer également, car la température de l'intérieur de la terre étant toujours de 12 degrés centigrades environ, une betterave gelée à —6°, par exemple, pourrait s'y dégeler assez insensiblement pour éviter l'altération, tandis que si elle eût été gelée à —10°, elle se serait dégelée plus brusquement, et assez brusquement peut-être pour s'altérer et pourrir.

Voici ce que nous désirerions que les fabricans constatassent par des essais multipliés : — à quel degré des betteraves dont le jus pèse 5° B. peuvent, exposées à l'air, geler assez fortement pour que, en se dégelant également à l'air, elles s'altèrent. — De même, pour des betteraves dont les jus pèseraient 6, 7, 8 et 9° B , quelle gelée serait nécessaire à ces diverses espèces de betteraves, lorsqu'elles sont en petits monts recouverts de feuilles, pour les atteindre assez fortement, pour qu'elles s'altèrent en les laissant dégeler en cet état. — Quel degré de gelée exigeraient les diverses sortes de betteraves dont nous venons de parler, avant d'être arrachées, pour geler assez fortement pour être altérées au dégel. — Enfin, quelle gelée nécessiterait encore chacune de ces diverses espèces de betteraves, dans chacune des trois circonstances que nous venons d'indiquer, pour que, mises en fosses avant le dégel, elles puissent s'altérer dans les conserves.

En attendant, si l'on s'en rapporte aux fabricans, on peut prendre comme une approximation à laquelle nous ne nous fions pas trop, savoir : que des betteraves dont le jus pèse 7 degrés Beaumé, peuvent, sans danger, subir une gelée de 5 à 6° à l'air, et de 6 à 7° en monts couverts de feuilles, ou avant d'être déplantées. — On croit aussi qu'elles peuvent subir un degré de froid de plus, par une pesanteur de leur jus de deux degrés de plus à l'aréomètre de Beaumé.

Les fabricans qui feraient les expériences que nous venons d'indiquer, nous obligeront s'ils veulent bien nous les communiquer.

OPÉRATIONS MÉCANIQUES.

Nous nous sommes occupés, dans les deux précédens chapitres, de la culture de la betterave et de sa conservation ; nous allons maintenant parler des premières opérations qu'on fait subir à cette racine, pour extraire le sucre qu'elle contient. Ces premières opérations sont des opérations mécaniques * ; elles consistent dans

Le nettoyage de la racine ;

* On emploie depuis peu des opérations chimiques qui composent les différens systèmes de macération ; nous en parlerons en nous occupant des opérations chimiques, dans notre quatrième chapitre.

La rasion de la racine ;

La mise en sacs de la pulpe ;

La pression de la pulpe.

La première de ces opérations a pour but d'enlever aux racines les ordures, les impuretés qui les salissent, et les parties plus ou moins altérées qui s'y rencontrent ; les trois autres servent à séparer du parenchyme, ou partie solide, les parties liquides de la betterave, ou le jus.

Après avoir parlé des diverses opérations mécaniques, nous nous occuperons, comme corollaire, de *la force motrice* nécessaire à ces opérations.

Nettoyage.

Le nettoyage a un double but, comme nous venons de le voir : 1° d'enlever aux racines les parties gâtées qui s'y rencontrent, ce qui ne se fait qu'en détachant ces parties gâtées du corps de la betterave à l'aide d'un couteau ; 2° d'enlever les impuretés, la terre, les ordures adhérentes aux racines et qui les salissent ; pour cela, on peut employer deux moyens : le nettoyage au couteau ou le lavage.

Le nettoyage au couteau, qui se fait en enlevant, à l'aide de cet instrument, toute la terre adhérente aux racines, a cet avantage que dans cette seule et même opération, on enlève à la fois et la terre, et les parties gâtées de la betterave ; mais il offre un grand nombre d'inconvéniens qui le font abandonner de plus en plus chaque jour. Il présente, par exemple, beaucoup de déchets ; car, quelque attention que l'on mette à surveiller les femmes chargées du nettoyage au couteau, elles enlèvent presque toujours avec la terre adhérente une petite partie de la racine : ce serait là, sans doute, une perte légère, si elle ne se répétait sur une grande masse de betteraves. Cette main-d'œuvre est d'ailleurs assez coûteuse ; enfin, telles bien nettoyées au couteau que soient les betteraves, il leur reste encore une assez grande quantité de terre, qui use rapidement les lames de la rape, qui donne à la défécation un dépôt plus considérable qu'il ne devrait l'être, et qui, se retrouvant aussi en partie dans les pulpes, les rend beaucoup moins bonnes pour la nourriture des bestiaux.

Le lavage s'exécute quelquefois dans une caisse de bois, dans laquelle on introduit les betteraves : on la remplit d'eau, puis on frotte ces betteraves avec un balai. Ce mode est fort imparfait. Le simple cylindre à claires-voies qu'indique M. de Dombasles est préférable, mais beaucoup moins bon que le laveur de M. Champonnois, qui est la meilleure machine que l'on ait adaptée à cet usage. Ce laveur est aussi un cylindre à claires-voies, monté sur un axe placé horizontalement sur deux tourillons ; ce cylindre se trouve dans une caisse remplie d'eau dans laquelle baigne un peu moins que la moitié de sa surface convexe ; une de ses deux bases est à jour, et une trémie, qui est placée dans la partie supérieure, y verse constamment des betteraves ; le cylindre auquel on imprime un mouvement de rotation, continue, lorsqu'il fonctionne, à faire monter et retomber sans cesse sur elles-mêmes les betteraves qu'il contient ; ces mouvemens ayant lieu dans l'eau, les racines se lavent, se dégagent de la terre adhérente qui tombe à travers les liteaux formant la claire-voie, au fond de la caisse, d'où enfin on les retire de tems en tems. La seconde base du cylindre est terminée par un fragment de vis d'archimède, qui prend les racines à l'intérieur du cylindre et les rejette à l'extérieur sur un plan incliné où elles s'égouttent.

Le lavage rend les betteraves beaucoup plus nettes de terre et d'ordure, que le nettoyage au couteau ; cependant, lorsque, dans les betteraves que l'on travaille, il s'en trouve de gâtées, il faut les séparer et enlever avec soin, au couteau, les parties altérées qui gâteraient le jus des autres. Dans les fabriques où l'on apporte à la conservation les soins nécessaires, cet inconvénient arrive très-rarement.

Rasion.

La racine de la betterave, la seule partie que l'on emploie à la fabrication, est formée d'une grande quantité de petites cellules dans l'intérieur desquelles se trouve le jus; les parois de ces cellules forment, en quelque sorte, la charpente du végétal et en sont les seules parties solides. Ces parois sont excessivement minces, puisque la betterave contient 97 à 98 p. % de parties liquides, de jus, et 2 à 3 p.% seulement de parties solides, de parenchyme ligneux.

Pour obtenir le jus, il faut d'abord briser les enveloppes de ces cellules, afin que le jus en puisse sortir librement. Aucune pression, si forte qu'elle soit, n'est capable de remplir ce but de manière à faire obtenir une quantité un peu notable de jus, il faut recourir au déchirement mécanique des cellules. C'est cette opération que l'on désigne sous le nom de rasion. De son plus ou moins de perfection, dépend, en grande partie, la quantité de jus que l'on retire des racines; car, quoique la force de la pression ne doive pas être négligée, il n'en est pas moins vrai qu'elle est d'une moins grande importance que la perfection de la rasion. En effet, avec la plus forte pression possible, on n'obtiendra guères que 75 à 80 p.% de jus d'une betterave rapée, c'est-à-dire, réduite en pulpes, suivant les procédés et avec les soins ordinaires, tandis que M. Clément-Désormes dit avoir obtenu par une pression ordinaire, 95 p.% de jus de betteraves qu'il avait usées sur une meule, et dont, par conséquent, il avait, pour ainsi dire, brisé jusqu'à la dernière cellule.

La machine qui opère ce déchirement s'appelle rape ; on lui a donné diverses formes qui ont presque toutes été abandonnées ; il n'en reste plus que deux en usage : la rape de Burette et celle d'Odobel.

La rape d'Odobel est peu connue, et la rape de Burette est presqu'exclusivement adoptée partout. Elle a subi diverses modifications depuis son apparition et peut être rangée maintenant dans le nombre de nos bonnes machines. Tout le monde connait cette rape, qui est cylindrique, horizontale, armée à sa périphérie de lames de scie séparées par des liteaux en bois, les lames et les liteaux placés parallèlement à l'axe ; une trémie reçoit les racines, et des rabots de bois, qui jouent dans cette trémie, permettent de pousser les racines contre la périphérie du cylindre, qui, tournant avec une vîtesse de 6 à 800 tours à la minute, déchire rapidement les betteraves avec les lames dont il est armé. On pourrait peut-être y ajouter un perfectionnement qui rendrait son travail plus expéditif et diminuerait la fatigue de la machine. Il faudrait tailler et placer les liteaux différemment. Ainsi, dans les rapes ordinaires, les lames sont placées longitudinalement, et formant, pour ainsi dire, les arrêtes d'un prisme régulier, circonscrit au cylindre, ayant autant de côtés que la rape contient de lames ; dans les rapes nouvelles les lames devraient être placées de manière à couper ces arrêtes ; mais non à angle droit, c'est-à-dire, qu'elles devraient se trouver sur un plan qui rencontrerait l'axe du cylindre en un seul point et auquel cet axe ne serait point perpendiculaire. Si cette construction ne pouvait s'obtenir qu'aux dépens de la solidité de l'appareil, on parviendrait à peu près au même but, en plaçant les coulisses des rabots au-dessous du plan horizontal qui passe par l'axe du cylindre.

La rape d'Odobel est conique et offre quelques modifications. Il est fâcheux qu'on ne s'en serve dans presqu'aucune fabrique ; car, d'après les renseignemens que nous en avons obtenus, il parait que dans les fabriques où elle a fonctionné, à Sussy, par exemple, elle offrait une supériorité marquée sur la rape cylindrique ; une plus grande quantité de racines était expédiée dans un tems donné avec une force égale et une égale perfection.

Mise en sacs.

La pulpe produite par le déchirement que la rape fait subir aux betteraves, c'est-à-dire, le mélange des parois ligneuses brisées, du jus mis en liberté et des cellules entières échappées à l'action de la rape, est reçu dans un bac ; il est placé immédiatement après dans des sacs de forte toile assez claire ; lorsqu'un sac est rempli ; on le place sur une claie d'osier et on l'y étend bien régulièrement ; on met sur les plateaux des presses dont nous parlerons plus loin, un sac ainsi placé sur la claie, un second, un troisième, toujours placés chacun sur leur claie, de sorte qu'ils forment un système de claies et de sacs alternativement superposés.

Les sacs pèchent souvent par le peu de solidité de leurs coutures ; il est de plus assez difficile de les bien vider, et leur nettoyage ne peut s'opérer complètement qu'avec beaucoup de main-d'œuvre. Pour remédier à cet inconvénient, M. Caffin, à Lavarenne-St.-Maur, près Paris, a imaginé de se servir de simples carrés de toile que l'on pose sur un cadre de bois placé lui-même sur une claie. On met de la pulpe sur le milieu de cette toile, et on l'étend rapidement avec les mains ou un morceau de bois ; on relève aussitôt le cadre et on place sur l'espèce de sac ainsi formé une seconde claie sur laquelle on fait la même opération, et ainsi de suite ; ces cadres, sauf leurs dimensions, ressemblent assez aux moules dans lesquels on fait les briques. Les toiles, après le pressurage, sont facilement vidées en les dépliant et les secouant légèrement. On prétend que l'opération de la mise en sacs marche aussi vîte avec les carrés de toile qu'avec les sacs ordinaires ; s'il en est ainsi, on ne pourra balancer à les adopter ; l'expérience l'aura bientôt prouvé ; car, comme les essais en sont faciles et peu coûteux, il est probable qu'ils seront faits par beaucoup de fabricans.

Pression.

Les presses sur le plateau desquelles on place les sacs et les claies, superposées comme nous l'avons dit, sont le plus ordinairement des presses hydrauliques. Les presses à vis sont presque partout abandonnées parce que leur service est trop lent. Ces presses peuvent marcher à bras ; dans beaucoup d'usines, on prend le mouvement du manège ou celui de la machine à vapeur. Les presses hydrauliques ont une grande énergie, et permettent d'obtenir directement, des betteraves de bonne qualité, 70 p. o/o de jus.

En 1831, M. Hamoir ayant remarqué que les parties saillantes des claies et la pulpe qui se trouvait entre deux saillies opposées, l'une supérieure et l'autre inférieure, éprouvaient la plus grande partie de la pression de l'appareil, tandis que la pulpe qui correspondait aux interstices de ces saillies, ne recevait qu'une pression bien inférieure, soumit les sacs de pulpes à une seconde pression, en plaçant successivement deux sacs, une claie, deux sacs une claie, et ainsi de suite. Cette méthode est suivie par beaucoup de fabricans, et procure environ 5 p. o/o de jus plus que le pressurage simple.

M. Demesmay imagina de soumettre les pulpes à la vapeur avant la seconde pression, et d'opérer, du reste, selon le procédé de M. Hamoir. Pour cela, après la première pression, les sacs sont placés sur des claies de bois, superposées dans une armoire bien fermée, dans laquelle on fait arriver de la vapeur à 100° au moins; ils sont laissés quelques minutes dans l'armoire, puis placés de nouveau sur la presse, en mettant toujours deux sacs et une claie alternativement.

On retire par ce procédé 83, p. o/o de jus, de betteraves dont on aurait pu retirer 70 p. o/o par une première pression, toute déduction faite de l'eau absorbée en quantité très minime.

Ainsi on peut retirer des betteraves ordinaires

70 p. o/o de jus par une seule pression.

75 à 76 id. de jus par une double pression.

83 à 85 id. par une double pression et l'exposition de la pulpe à la vapeur entre les deux pressions.

Les mêmes expériences sur des betteraves peu riches en jus ont donné :

65 p. o/o de jus par une seule pression.

69 p. o/o id. par une double pression.

75 à 78 id. par la double pression et par l'exposition de la pulpe à la vapeur entre les deux pressions.

L'expérience continue de plusieurs années d'exercice de ce procédé chez MM. Harpignies et Blanquet, chez M. Hamoir, et chez l'un de nous, ne nous a laissé aucun doute sur sa bonté, et sur l'erreur de ceux des fabricans qui l'ont abandonné, en lui attribuant l'altération de leurs sirops, lorsqu'ils en avaient en cet état; altération qui était due sans doute à d'autres causes. Nous reviendrons sur ce sujet, en parlant de la macération.

PRESSION COMBINÉE AVEC LE DÉPLACEMENT DES LIQUIDES.

Nous croyons que c'est ici le lieu de parler d'un second mode d'extraction du jus, qui, sans se lier totalement avec la pression ordinaire a quelqu'analogie avec elle.

Nous comprendrons dans ce second mode d'extraction , tous les procédés qui opèrent à froid sur la pulpe , en chassant le jus qu'elle renferme à l'aide de la pression opérée par un autre liquide qui se met en sa place : cet autre liquide est toujours l'eau, ou du jus affaibli.

En 1831 , l'un de nous entreprit des expériences pour trouver un procédé qui pût faire obtenir tout le suc que contient la racine de la betterave, sans employer une trop grande quantité d'eau. Il pensa que le meilleur procédé serait celui qui, dans un seul temps, réunirait la pression , la dissolution et la filtration ; comme toutes ces conditions s'obtiennent par le filtre-presse de Réal , il entreprit une série d'expériences avec cet instrument : on sait que dans ce filtre, un liquide est chassé par un autre qui lui est superposé, au moyen d'une pression obtenue par une colonne de liquide.

Bien persuadé que dans la fabrication du sucre indigène, il faut surtout éviter la fermentation du suc de betteraves , il rechercha *si dans un appareil de ce genre la pression n'aurait pas d'influence sur le temps de l'écoulement et sur la quantité de suc et d'eau qui pourraient se mélanger.*

Il plaça d'abord la pulpe dans un vase cylindrique à parois verticales , portant à quelques pouces de sa partie inférieure un diaphragme percé de trous et recouvert d'un linge. La pulpe placée dans ce vase, jusqu'à la hauteur de cinq à six décimètres, donnait quelquefois lieu à un écoulement de suc par son seul poids, et quelquefois ne donnait absolument rien , sans qu'on pût reconnaître la cause de ces résultats opposés, mais toujours cet écoulement était très-lent, quand il avait lieu.

En versant de l'eau sur cette pulpe, l'écoulement se produisait toujours, mais assez lentement pour faire craindre que cette méthode ne mît pas à l'abri de la fermentation. Par cette opération, on obtenait d'abord les deux tiers ou les trois quarts du suc de la betterave, sans qu'il ait perdu en densité. Le reste du suc diminuait graduellement de densité, et ne cessait d'être sucré que lorsqu'il était mêlé de quatre fois autant d'eau, c'est-à-dire, que pour obtenir tout le suc contenu dans les betteraves, par une seule opération, il faut mêler ce suc avec un volume d'eau égal au sien.

Ces expériences ont été continuées à Roclincourt près Arras, par M. Martin, qui a remarqué que la pulpe située dans le centre de l'appareil, n'était pas complètement épuisée. Ces résultats contraires de M. Martin tiennent évidemment à ce que ses filtres étaient beaucoup plus larges que celui qui a été employé dans la première expérience, et qui n'avait que o, m. 12 de diamètre.

La même opération fut répétée dans le même filtre, mais sous la pression d'une colonne d'eau de 6 mètres : alors l'épuisement durait environ une heure, au lieu de douze qu'il fallait employer d'abord, et le liquide cessait d'être sucré, quand après le suc, on avait fait couler la moitié de son volume d'eau. Ce résultat bien plus avantageux que le premier donnait l'espoir d'approcher encore plus du but, en faisant usage d'une pression plus considérable ; mais la hauteur des bâtimens dont on pouvait disposer ne permettait guère d'y parvenir, en employant une colonne d'eau. Il fallut donc lui substituer une pompe foulante qui, construite dans certaines proportions, pût donner une pression considérable. Avec un appareil disposé de cette manière, les moyens de fermeture ordinaire ne suffisaient plus ; des plaques de fer de o m. o15 millim. d'épaisseur étaient pliées, et des vis de o m. o2o de diamètre étaient allongées. On fut obligé de composer la fermeture d'un cuir embouti circulairement, placé dans le filtre, au dessus de l'ouverture par laquelle on injectait l'eau, et plus celle-ci faisait d'effort pour sortir, plus elle comprimait les bords renversés du cuir contre

les parois du vase, comme cela a lieu dans les presses hydrauliques.

La pulpe de betterave, dans un appareil ainsi disposé,
donna environ les 3/4 du suc qu'elle renfermait, sans
qu'il fut mélangé avec de l'eau. Le dernier quart coula
mêlé avec une quantité d'eau qui lui était égale : c'est-à-
dire que, pour épuiser une certaine quantité de pulpe de
betterave, il n'a fallu employer qu'un volume d'eau qui était
égal au quart de volume du suc qu'elle devait contenir.
L'épuisement fut complet, puisque la pulpe ainsi épuisée
fut conservée en contact avec de l'eau, à une température
de 15 à 16°, sans présenter la moindre apparence de fermentation; ce qui n'aurait pas manqué d'avoir eu lieu, s'il
y était resté la moindre partie de sucre.

Dans ces expériences, on remarqua un fait curieux et
particulier à la betterave; à mesure que la pulpe s'épuisait de suc par son mélange avec de l'eau, sa saveur sucrée
diminuait graduellement et devenait nulle; mais alors,
elle prenait une saveur poivrée qui allait en augmentant
jusqu'au point de devenir fort désagréable. Ce fait pourrait s'expliquer par la différence qui existerait entre la
solubilité du sucre et celle de la matière âcre, en admet-
tant toutefois que la saveur de la matière âcre était d'abord
en partie masquée par la saveur sucrée.

La pression obtenue dans cette dernière expérience
pouvait être évaluée à 15 à 18 kilogr. par centimètre carré, soit 15 à 18 atmosphères.

De nouvelles expériences sous une pression beaucoup plus
forte furent alors tentées chez M. Martin, en injectant
l'eau dans l'appareil avec une pompe foulante d'une presse hydraulique mue par la machine à vapeur. La pressssion
fut si grande, et opéra si rapidement, que l'eau fit l'of-
fice d'un simple piston qui comprima la pulpe et lui fit

perdre le suc qu'elle renfermait, comme aurait pu le faire une simple pression. La pulpe de la partie inférieure était épuisée, avant que l'eau pût la joindre ; elle s'aggloméra et opposa bientôt une barrière invincible à l'écoulement. Quand on vit que le suc ne coulait plus, on fit arrêter la pompe, mais il était déjà trop tard ; un instant après, les oreilles qui retenaient le couvercle se rompirent, et allèrent se fixer dans le plafond, comme auraient pu le faire des boulets.

La fracture des oreilles, après l'arrêt de la machine, et leur projection dans le plafond, doivent être attribuées à ce qu'on avait, à dessein, disposé l'appareil pour qu'il restât une couche d'air entre le cuir embouti et la surface de l'eau, afin que l'écoulement fût constant. C'est à la présence de cet air que doit être attribué l'accident.

La pression dans cette expérience pouvait être évaluée à environ quatre-vingts atmosphères.

On peut conclure des expériences qui précèdent que, dans l'action du filtre-presse, il ne peut pas y avoir déplacement parfait d'un liquide par un autre, sans mélange ; qu'il faut d'autant moins de tems, et d'autant moins d'eau pour l'épuisement d'une substance, que l'on emploie une pression plus considérable ; qu'il existe enfin une limite à l'action de ces sortes d'instrumens et que cette limite est déterminée par l'écoulement trop rapide du suc, qui ne permet pas son remplacement par un autre liquide.

Ces expériences ont été faites pendant le deuxième trimestre de l'année 1831 ; depuis ce temps on a publié quelques notes relatives au filtre-presse : MM. Boullay père et fils se sont principalement occupés de l'écoulement d'un liquide sous une faible pression *. On peut dire qu'ils

---

* Journal de pharmacie, t. 19 p. 281 et 293.

n'ont absolument rien ajouté à ce que l'on savait, mais qu'ils ont commis plusieurs erreurs. Le déplacement des liquides était parfaitement connu de Réal et de Cadet, sous des pressions d'une atmosphère environ ; il avait été signalé par Vauquelin, sous une plus faible pression, à l'occasion de l'expérience de Mlle. Garille qui pensait dessaler l'eau de mer, en la faisant passer au travers d'un tube contenant du sable préalablement mouillé avec de l'eau ordinaire, qui, s'écoulant la première, causa son erreur. MM. Robiquet et Boutron-Charlard l'avaient employé dans leur examen si remarquable de la semence de moutarde, et les fabricans de sucre indigène en font l'observation journalière dans le filtre-Dumont.

Mais MM. Boullay ont commis une grave erreur en regardant le déplacement d'un liquide par un autre, comme s'opérant sans mélange, et en tirant des conséquences qui ne pouvaient qu'être erronées, puisqu'elles s'appuyaient sur une base fausse.

Telles sont les expériences tentées par l'un de nous, comme nous l'avons déjà dit, dans le but de retirer, par le principe du déplacement des liquides, tout le suc que contient la pulpe de la betterave. On a vu les avantages et les inconvéniens qui, dans ces expériences, paraissent inhérens à ces procédés. Ces inconvéniens n'étaient pas suffisans à l'époque où les expériences furent entreprises, pour y faire renoncer ; car alors, on ne retirait que 70 p. o/o de jus de la betterave : mais depuis, M. de Dombasle et M. Demesmay publièrent leurs procédés, et l'auteur renonça à continuer ses expériences, que d'ailleurs d'autres travaux devaient l'empêcher de suivre avec soin ; mais il pense qu'ils pourront être utilisés un jour, et c'est dans ce but que nous les avons publiées.

Depuis lors, M. Huart prit un brevet d'invention pour un procédé en tout semblable à la première expérience que nous avons rapportée, le déplacement du jus par l'eau sans pression. On a pu voir qu'il était défectueux, en ce qu'il exigeait pour l'épuisement, le mélange de beaucoup d'eau et l'emploi de beaucoup de temps.

Plus récemment, M. Le Gavrian a pris un autre brevet pour un procédé encore sujet à la plupart des inconvéniens que nous avons signalés.

M. Le Gravian donne ainsi la description de son procédé :

« Mon mode d'opérer consiste à soumettre la betterave réduite en pulpe la plus fine possible à l'action de la pression atmosphérique. A cet effet, je dispose 5 à 6oo livres de pulpe sur une couche de deux décimètres environ d'épaisseur, dans des boëtes ou capsules en cuivre de forme rectangulaire ; le fond de la capsule est garni d'une claie métallique recouverte d'un canevas un peu serré. Lorsque ma couche de pulpe est ainsi disposée, je la tasse et l'égalise au moyen d'une truelle, et j'établis à la partie supérieure un niveau parfait autant que possible. Une ligne de repère guide l'ouvrier pour ce nivellement. Je recouvre alors d'une plaque métallique qui s'emboîte parfaitement dans la capsule, et couvre toute la surface de la couche de pulpe ; je lute, au moyen d'une petite quantité d'eau, trois à quatre litres, qui se répandent sur les bords du couvercle. Les choses étant en cet état, je fais le vide, au moyen d'une pompe, dans un petit récipient qui communique par un robinet au fond de la capsule ; aussitôt que le vide est à peu près complet, j'ouvre le robinet, et alors l'atmosphère pressant sur la pulpe, en fait découler le jus qui tombe dans le récipient, d'où il est retiré en même tems que l'air par la pompe, et de là se rend dans les chaudières à déféquer. »

« Il faut avoir soin d'ouvrir le robinet de manière à ce que le jus suffise toujours dans son écoulement à en remplir l'ouverture, et de diminuer cette ouverture graduellement à mesure que la pulpe s'épuise. Par cette précaution, on évitera facilement qu'il se fasse des *renards*, et qu'il ne rentre de l'air ; en second lieu, la zône d'air agissant toujours bien horizontalement opérera une pression plus régulière. Quatre à cinq minutes suffisent pour extraire environ 60 à 65 pour 0/0 de jus, selon la perfection du rapage. Dans cet état d'épuisement, il reste dans la capsule 35 à 40 pour 0/0 de pulpe, renfermant environ 20 [*] pour 0/0 de jus que la puissance dont on dispose n'a pu extraire, et autant de betterave imparfaitement divisée. Pour obtenir ce jus, il suffit de répandre sur la pulpe 20 pour 0/0 d'eau qui, s'interposant d'une manière régulière entre les couches, *chasse le jus sans s'y mélanger*, comme cela a lieu, lorsqu'on lave les filtres-Dumont. Ce lavage ne suspend point l'opération, et a lieu sous la pression atmosphérique. Lorsque le jus est écoulé et remplacé par l'eau qu'on a introduite dans la pulpe, on a obtenu au moins autant de jus qu'avec les presses ordinaires. Si l'on veut maintenant achever l'épuisement comme par la lixivation, on ferme le robinet et on laisse macérer [**] l'eau restée dans la pulpe pendant 20 à 25 minutes. Cette eau se sature alors d'une portion de sucre, et acquiert une densité de 3 à 4 degrés, selon la richesse des betteraves. Ce temps écoulé, on répand une nouvelle quantité d'eau qui agit comme la première fois, et l'on met la capsule en rapport avec un récipient spécial, dans lequel le vide a été fait par une pompe spéciale, et on obtient des petites eaux

---

[*] M. Le Gavrian commet ici une erreur, ce n'est pas 20 mais 30 p. 0/0 de jus qui doit rester interposé.

[**] Le mot *macération* exprime le traitement d'une substance par un liquide froid. C'est donc improprement qu'on a appelé procédé de macération celui qui consiste à traiter la betterave ou la pulpe par l'eau chaude. *(Note de M. Le Gavrian).*

qui servent à arroser la rape pendant le rapage, et se mélangent avec la pulpe. »

On voit que M. Le Gavrian est tombé dans la même erreur que MM. Boullay, en supposant que le déplacement des liquides s'opère sans mélange ; les résultats de son appareil doivent être les mêmes que ceux des expériences qui ont été faites sous une faible pression, comme celle d'un atmosphère, cependant son appareil pourrait être modifié, ainsi que la manière d'opérer, et amener des résultats favorables. Déjà il a supprimé les pompes pour les remplacer par le procédé de M Pelletan, le vide produit par le tirage d'un jet de vapeur.

Force motrice.

Les laveurs, les rapes, les presses, les pompes à eau, et beaucoup d'autres machines exigent des moteurs, pour fonctionner. Ces moteurs peuvent être des hommes employés directement, des chevaux ou des bœufs attelés à un manège, le vent employé à l'aide d'un moulin, l'eau utilisée à sa chute, ou la vapeur prise à son état d'élasticité.

Ces moteurs offrent plus ou moins d'économie, plus ou moins de chances de dérangement et de chômage ; ce sont ces deux considérations qui doivent principalement guider dans le choix des uns ou des autres. Les chutes d'eau sont rarement employées, parce que rarement on en trouve, qui, à la fois, soient suffisamment fortes et exemptes de chômage dans tous les temps. Le vent ne peut être utilisé à cause des chômages continuels auxquels il donne lieu ; de sorte que l'on marche presque partout à bras d'homme, ou par manège, ou par machine à vapeur. Il est rare qu'une fabrique puisse faire mouvoir toutes les machines à bras d'homme, ou il faut qu'elle soit montée sur une échelle extrêmement restreinte ; mais il arrive souvent qu'une partie des machines seulement, par exemple, les presses, les pompes ou les laveurs marchent à bras d'homme. L'homme est un moteur très-cher, cependant comme les machines qui doivent être ainsi mues directement sont plus simples, coûtent moins, sont moins sujettes aux dérangemens, ces considérations peuvent dans certains cas balancer la première, mais cependant très-rarement.

Quant aux manèges, les fabricans de sucre y emploient presque toujours, de préférence aux chevaux, des bœufs qu'ils nourrissent avec leurs pulpes. Il est peu de localités dans lesquelles ce genre de moteur ne soit plus couteux que la machine à vapeur qui est aussi souvent employée. Cependant il faut étudier avec soin la qualité du charbon que l'on emploie avant de décider de la supériorité de la machine à vapeur sur les manèges. C'est-à-tort que souvent on dit : un kilog. de houille donne tant de kilog. de vapeurs qui produisent tel effet utile, car il est des différences bien grandes entre tel et tel charbon. C'est ainsi que l'an dernier, un de nous consomma dans son usine un cinquième de charbon de plus qu'il ne l'aurait dû, à cause de la mauvaise qualité de la houille que les mines d'Anzin fournirent cette année. Ce qui est cause de l'emploi, encore assez général, des manèges dans les sucreries, c'est qu'ils sont peu couteux d'achats, et que l'état précaire de l'industrie fait craindre de mettre, en avances, beaucoup de fonds qui ne doivent peut-être pas rentrer ; c'est aussi parce que les bœufs sont nourris avec la pulpe que quelquefois on ne trouverait pas à vendre facilement.

OPÉRATIONS CHIMIQUES.

En divisant les opérations de la fabrication du sucre, en opérations mécaniques et en opérations chimiques, nous n'avons pas entendu regarder pour cela ces opérations, les unes, comme purement mécaniques, les autres, comme purement chimiques; mais nous avons voulu seulement faire une division qui se présente naturellement entre celles que nous avons traitées dans le chapitre précédent et qui sont presqu'uniquement mécaniques, et celles que nous allons traiter maintenant et qui sont principalement chimiques.

Les opérations chimiques que subit la betterave, sont : la macération, la défécation, la concentration, la clarification, la filtration, la cuite et la cristallisation.

Avant de parler de la macération, nous devrons préliminairement parler de la constitution de la betterave, attendu que plusieurs observations sur la macération devront se baser sur cette constitution de la betterave.

Constitution de la betterave.

On a regardé jusqu'à ce jour, comme une chose démontrée, que le sucre, ainsi que tous les autres matériaux que l'on rencontre dans le jus exprimé de la betterave, étaient enfermés dans les cellules de cette racine, et qu'ils s'y trouvaient en solution ou en suspension. Nous avions observé plusieurs faits qui nous avaient convaincus que cette théorie ne pouvait être vraie, et M. Raspail, que nous consultâmes à ce sujet, voulut bien nous donner le résultat des observations qu'il avait faites sur cette plante, observations extrêmement intéressantes et qui prouvent l'erreur dans laquelle on était. S'il est vrai qu'en tout travail industriel, la connaissance parfaite de la constitution de l'objet sur lequel on opère, et des principes sur lesquels elle repose, sont ce qui est le plus capable de conduire au perfectionnement, la connaissance de la constitution de la betterave, que M. Raspail aura procurée aux fabricans de sucre, devra aider de beaucoup leurs progrès.

Voici, d'après les observations de M. Raspail, comment est constituée la betterave. (Voyez les planches 1 et 2, qui ont été lithographiées sur les dessins de M. Raspail.)

Prenez une betterave rouge, et coupez-la par le milieu longitudinalement, vous aurez la fig. 1.

a. Cœur sans vaisseau, laboratoire de la plante.

b,b. Masses cellulaires.

c. Vaisseaux longitudinaux.

Les masses cellulaires b,b, sont formées de cellules rouges, hexagonales, que l'on ne peut distinguer à l'œil nu ; mais qui, au microscope, apparaissent sous la forme que l'on voit en b,b, fig. 2.

Les vaisseaux longitudinaux c, vus également au microscope, apparaissent sous la forme c', c"c", fig. 2. Ce sont plusieurs vaisseaux blancs c"c", traversés par une ligne plus opaque c', grisâtre par réfraction, plus blanche au contraire par réflexion.

La fig. 2 représente donc un petit fragment d'une tranche mince, coupée dans le sens longitudinal, et vue au microscope.

Or, le sucre n'existe que dans les vaisseaux c'; les vaisseaux c" sont vides de tous sucs, et les cellules b,b, renferment la matière mucilagineuse.

Pour le démontrer, il suffit de placer, sur la tranche fig. 2, une goutte concentrée d'acide sulfurique albumineux *; on voit alors, en quelques instans, les cellules bb, primitivement rouges, jaunir ; les vaisseaux accharifères c' devenir purpurins ; et l'espace vide de sucre c"c" rester incolore. La tranche qui a ainsi changé de couleur est représentée fig. 3.

On démontre de même que le cœur ne contient pas de sucre.

Ainsi donc, les betteraves sont formées de cellules hexagonales et de vaisseaux longitudinaux ; les cellules renferment la matière mucilagineuse, le sucre, au contraire, est renfermé dans les vaisseaux longitudinaux. Telle est la constitution de la betterave ; nous espérons que la connaissance de ces faits éclairera la pratique du fabricant de sucre , qu'on en tirera des conséquences et qu'on en obtiendra des perfectionnemens de fabrication que l'on ne peut pas prévoir de suite , mais qui arrivent toujours à la suite d'un fait bien éclairci. C'est à M. Raspail que l'on en aura l'obligation.

Macération.

Nous avons décrit, dans les opérations mécaniques , le mode employé le plus anciennement pour l'extraction du jus de la betterave, par la rasion , et la pression des pulpes rapées. La macération est un autre mode d'extraction tout-à-fait distinct du premier.

Il consiste à couper les betteraves de manière à ouvrir les vaisseaux saccharifères, et à faire macérer ces betteraves ainsi coupées dans de l'eau qui se charge de la matière

---

* Pour obtenir le réactif que M. Raspail a indiqué sous le nom d'acide sulfurique albumineux, on jette de l'acide sulfurique très-concentré sur l'albumine de l'œuf de poule qui se coagule aussitôt en blanchissant. Vous agitez et vous conservez dans un flacon bouché à l'émeri la partie liquide du mélange , pour vous en servir comme réactif.

L'acide sulfurique albumineux a la propriété de produire une couleur d'un beau purpurin , lorsqu'il est mis en contact avec le sucre.

sucrée. Il comprend donc deux opérations bien distinctes, la division des betteraves, et la macération proprement dite.

Division des betteraves.

On conçoit qu'en coupant une betterave par le milieu, par une section perpendiculaire à l'axe, cette seule division de la betterave en deux parties, ouvrirait tous les vaisseaux saccharifères et suffirait pour en retirer tout le suc, mais dans un laps de tems très-long. Il arriverait aussi qu'on n'aurait point sensiblement de matière mucilagineuse et albumineuse, puisque, des cellules où elle est renfermée, il ne s'en trouverait que la très-petite partie déchirée par le couteau, qui pourrait en fournir. Cette opération serait trop longue dans un travail manufacturier.

M. de Dombasle, à qui on doit l'idée-mère de l'application de la macération à l'extraction du jus de la betterave, coupait d'abord la betterave par tranches, sur une section perpendiculaire à l'axe, et donnait à ces tranches une épaisseur de deux à trois lignes. Cette manière de couper les tranches perpendiculairement à l'axe, semble d'abord la plus rationnelle, puisqu'elle ouvre à plus de points les vaisseaux saccharifères, tandis qu'en coupant longitudinalement, on peut laisser des vaisseaux, dans l'épaisseur des tranches, qui ne sont alors béants qu'aux extrémités en longueur, et alors ces tranches, si elles ont deux millimètres d'épaisseur et vingt de longueur, ne doivent pas s'épuiser plus vîte que si elles avaient ces vingt millimètres d'épaisseur, si toutefois l'échange n'a pas lieu à travers le tissu des vaisseaux.

Ces trois figures, dans lesquelles les vaisseaux sont indiqués par la lettre c, feront mieux comprendre notre pensée. En coupant les tranches perpendiculairement à l'axe, ces tranches auront cette figure :

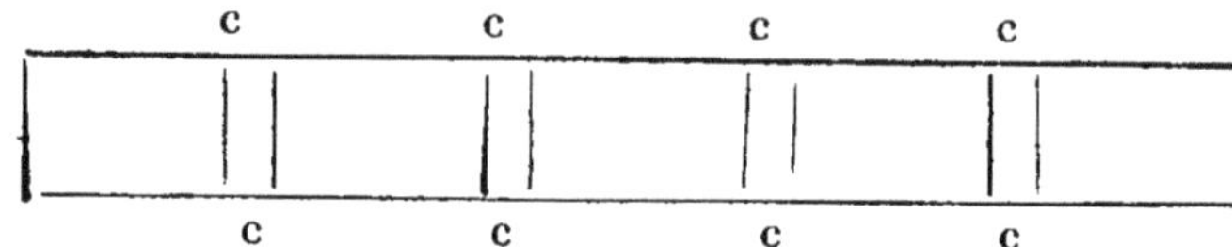

Si, au contraire, on coupe longitudinalement, on aura quelquefois des tranches qu'on peut représenter ainsi :

et dans lesquelles le vaisseau sera déchiré dans toute sa longueur, mais souvent aussi on aura des tranches dans l'épaisseur desquelles le vaisseau se trouvera logé dans toute sa longueur, comme on le voit dans cette figure :

Ce vaisseau ne sera donc déchiré, comme nous l'avons dit tout-à-l'heure, qu'à distance de vingt millimètres.

Cependant, M. de Dombasle dit qu'il est peu important que les tranches soient longitudinales ou transversales, ou même qu'au lieu de tranches, on coupe par fragmens, dès que, dans tous les cas, l'épaisseur est la même. Cette assertion nous étonne, et nous croyons qu'il sera utile de faire de nouvelles expériences à ce sujet.

Un savant chimiste du Danemarck, M. Scharling, inspecteur de l'école polytechnique de Copenhague, avec qui nous causions dernièrement du choix à faire entre les diverses manières de couper la betterave, nous dit qu'il

pensait qu'il vaudrait mieux encore couper la betterave
obliquement, afin que l'ouverture du vaisseau saccharifère
fût plus grande et permît au liquide de s'en écouler plus
facilement. Cette observation nous paraît très juste ; on
devrait alors couper à peu près sous un angle de 45° ,
comme le représente cette figure ; et les vaisseaux se trou-
veraient placés dans la tranche de cette manière :

On voit que le liquide qu'ils contiennent pourrait plus
facilement s'écouler.

Mais il est encore une considération importante pour la
manière de diviser la betterave. Il arrive quelquefois,
comme nous le verrons tout-à-l'heure, que des tranches
se collent les unes sur les autres, et qu'il n'y a plus alors
épuisement. Il serait utile, pour éviter cet inconvénient,
de donner, aux fragmens de la betterave, une forme autre
que celle de tranche ; aussi emploie-t-on quelquefois des
coupe-racines qui divisent la betterave en espèces de rubans très-minces et assez longs, mais qui n'évitent pas
encore complètement l'inconvénient dont nous venons de
parler. Nous pensons que la manière de diviser la betterave est plus importante qu'on ne le pense généralement,
et nous engageons les fabricans qui macèrent, à faire des
expériences sur ce sujet.

Macération proprement dite.

Les tranches, les rubans ou fragmens de betteraves,
étant préalablement coupés, sont soumis à la macération.
Tout le monde connait cette opération, qui consiste à
plonger la betterave dans l'eau, et à l'y abandonner un
plus ou moins grand laps de tems. Il se fait alors entre le

suc du végétal et l'eau un échange des principes solubles qui s'y trouvent, et qui s'opère suivant les lois de l'affinité, de sorte qu'au bout d'un certain tems, l'eau du vase et celle contenue dans les vaisseaux de la betterave, contiennent autant de matière sucrée l'une que l'autre.

M. de Dombasle a remarqué que quand on fesait ainsi macérer même des tranches très-minces de betteraves à la température de l'air, la macération était extrêmement longue à s'opérer ; tellement longue, qu'il serait impossible d'en obtenir un travail manufacturier. Mais il a remarqué aussi que si le principe vital de la betterave venait à être détruit par une cause quelconque, la dessication, la gelée, la coction, ou même seulement l'élévation de température à un degré voisin de l'eau bouillante, la macération s'opérait alors avec une beaucoup plus grande rapidité. L'échange de la matière sucrée est alors d'autant plus prompte que les fragmens ou les tranches sont plus minces et la température plus élevée. L'agitation mécanique favorise aussi l'action de l'affinité.

Il faut donc, pour macérer, commencer par détruire le principe vital, non par la coction, car on remarqua bientôt que le jus provenant de cette opération était fortement altéré, mais par une élévation de température qui n'aille pas jusqu'à la coction.

M. de Dombasle vit aussi que dans l'espace de tems que durait la macération, le jus s'altérait lorsqu'on n'entretenait pas la température à un degré constant supérieur à 5o°.

Ainsi donc, il faut, pour bien opérer la macération, selon M. de Dombasles : destruction la plus rapide possible du principe vital, en soumettant la betterave à une température élevée, mais insuffisante pour opérer la coction : puis macération à une température constante de 6o° environ.

Mais on n'obtient ainsi , en ne mettant sur les better*-*ves que l'eau nécessaire pour qu'elles y plongent entière*-*ment, on n'obtient ainsi, disons-nous, que la moitié du sucre qu'elles contiennent. En effet, l'eau qui est ajoutée dans la proportion de cent pour cent environ, se charge de sucre et marque 4°, par exemple, si le jus contenu dans la betterave en marquait 8.

Pour obtenir tout le sucre , il faut faire subir aux bet*-*teraves une seconde macération , une troisième, et ainsi de suite. On conçoit que pour marcher ainsi, on introdui*-*rait trop d'eau dans les jus, et qu'il faut opérer comme les salpétriers, en n'employant l'eau que pour la dernière opération , et employant, pour toutes les autres, le pro*-*duit de la macération précédente.

C'est ainsi qu'a opéré M. de Dombasle : les vases de ma*-*cération étaient de simples cuviers en bois munis de robi*-*nets par lesquels il décantait le liquide pour le porter de l'un sur l'autre par une suite de viremens, qui , quoi*-*que réellement gênans en pratique, ne l'étaient pas au point de rendre l'opération impraticable en manufacture. Par cette manière d'opérer, on laisse d'autant moins de sucre dans la betterave, qu'on fait un plus grand nombre de macérations successives. Mais là est l'écueil ; car plus on fait de macérations, plus le jus attend la concentra*-*tion, et il y a toujours altération. Ce tems est assez long , puisque la macération de chaque cuvier, pour être bonne, exige une demi-heure à une heure, et que dix à douze cu*-*viers ne sont pas trop pour ne pas laisser de quantité no*-*table de sucre dans les pulpes. Il faut aussi, pour arriver à ce résultat en pratique, ajouter une quantité d'eau plus forte que celle que nous avons indiquée tout-à-l'heure, et en introduire assez pour que le degré aréométrique soit sensiblement diminué. Ce sont là les deux inconvéniens qui se sont constamment présentés dans tous les systè*-*

mes de macération avec plus ou moins de force : altération provenant du trop long laps de tems de la macération et de la trop faible densité du jus.

Il est encore une considération importante à examiner dans le procédé de macération. Les vaisseaux saccharifères, comme nous l'avons dit, sont tous brisés et la solution sucrée qu'ils renferment se mélange avec le jus de macération. L'albumine au contraire est renfermée dans les cellules, et la plupart des cellules ne sont pas brisées. Or, l'albumine est une substance spongieuse, insoluble, et qui n'est qu'en suspension dans le liquide des cellules. Cette albumine reste donc complètement dans ces cellules non brisées et le jus en est totalement privé, ce dont on s'aperçoit facilement à la défécation, où l'on n'obtient que peu ou pas d'écumes. C'est un défaut en ce sens que la défécation s'éclaircit plus difficilement, mais du reste il est facile d'y ajouter du sang de bœuf. D'un autre côté, c'est peut-être un avantage ; en effet, l'albumine est accompagnée de la gomme dans les cellules et probablement de cette matière azotée que M. Dubrunfaut regardait comme le principal levain de la fermentation glaireuse et il est possible que ces matières restent aussi dans les cellules, quoiqu'il ne serait pas impossible qu'elles se mélangeassent à l'eau de macération à travers le tissu cellulaire. Ce sont toutes choses dont il sera bien intéressant de s'assurer.

Nous croyons pouvoir résumer ainsi les avantages et les inconvéniens principaux des procédés de macération envisagés d'une manière générale. Ils permettent d'obtenir plus de sucre que l'ancien système, non pas que nous disions qu'on soit généralement arrivé à ce point, mais qu'ils offrent la probabilité de ce résultat dans un avenir peu éloigné. Ils donnent des jus d'une densité moindre, et exigent plus de charbon pour la concentration. Ils sont plus exposés à l'altération, restant un laps de tems plus ou

moins long à une faible densité et exigeant plus de tems
pour être concentrés. Ils sont d'un autre côté moins susceptibles d'altération étant privés d'albumine.

Ces avantages et ces inconvéniens sont plus ou moins
sensibles selon les divers systèmes de macération employés:
nous avons la conviction qu'avec le tems, l'expérience et
les perfectionnemens, on diminuera les inconvéniens et on
augmentera les avantages suffisamment pour que ce mode
devienne le seul bon. C'est à M. de Dombasle qu'en re-
viendra la première gloire, car c'est lui qui aura ouvert la
route.

Nous allons maintenant parler des modifications que les
nouveaux systèmes de macération ont fait subir au systè-
de M. de Dombasle.

SYSTÈME DE M. DE BEAUJEU.

Voici comment M. de Beaujeu donnait en 1834 la description de son système, tel qu'il le pratiquait alors :

« Pour l'extraction du jus de la betterave, quelle que soit
l'importance de la fabrique, pour rouler sur 100, 200,
3oo et même au-delà, d'hectolitres de jus en 24 heures, il
n'est jamais besoin de plus de 8 cuves, pour arriver à
épuiser la betterave aussi complètement que possible ; il
n'y a de différence que sur la grandeur de chaque cuve.
Chacune de ces 8 cuves est entièrement en bois et garnie
de 3 cercles en fer; elles pourraient être en métal, soit cuivre ou tôle de fer, sans aucune garniture intérieure. Les
8 cuves étant toutes placées sur une ou deux lignes droi-
tes, ou circulaires, ou en carré, on établit une communication du fond d'une cuve à la partie supérieure de la suivante. Cette communication a lieu en traversant de bas en
haut un cylindre vertical, dans lequel plonge un tuyau en
spirale où circule la vapeur, de manière que le jus, en passant d'une cuve dans l'autre, se réchauffe au degré que

l'on veut. Des betteraves étant jetées dans les cuviers, après avoir été coupées en tranches minces, l'eau, filtrant à travers de haut en bas et successivement dans plusieurs cuves, en entretenant le degré de chaleur, se sature des parties solubles, et finit par acquérir un degré approchant toujours de plus en plus de celui primitif de la betterave ; ce qui fait que l'on obtient ainsi d'une manière constante et régulière un jus d'un degré toujours le même et d'un demi degré seulement inférieur au jus exprimé. D'un autre côté, l'eau, passant plusieurs fois sur les mêmes betteraves, enlève à chaque passage environ la moitié de ce qui reste de matière sucrée ; la betterave finit donc par s'épuiser de parties solubles, et ce qui reste devient insignifiant. Il est bon de remarquer que, toutes les cuves se communiquant, il suffit de laisser arriver l'eau sur la dernière pour que toutes les cuves passent de l'une dans l'autre : ce travail ne coûte donc rien ; le fabricant est ainsi libre de faire couler plus ou moins longtems l'eau sur la même cuve, et par conséquent maître de pousser l'épuisement de la betterave aussi loin qu'il le veut, sans qu'il lui en coûte davantage. Le jus saturé coule également seul dans le réservoir, ou dans la chaudière à déféquer ; tout le travail est donc supprimé, et se fait constamment seul : il suffit de le diriger, ce qui est de la plus grande simplicité et à la portée de l'ouvrier le plus ordinaire. Il ne reste ainsi de travail réel que celui de couper les betteraves, puis de les sortir des cuves après leur épuisement, ce qui n'est ni coûteux ni difficile. »

« Un plateau garni de 6 lames, mis en mouvement par une force équivalente à celle de deux hommes, débite les betteraves qu'une femme jette dans la trémie ; une autre femme, ou un homme, jette ces betteraves dans les cuves. Ces deux personnes peuvent ainsi fournir à un travail de 3oo hect. de jus en 24 heures, et plus s'il le faut. On voit

que le travail est ici réduit à sa plus simple expression, surtout si l'on considère que ces quatre personnes suffisent
toujours, quelque considérable que soit la fabrique. »

Le système de M. de Beaujeu a été employé dans plusieurs
fabriques avec plus ou moins de succès. On lui reprochait de marcher lentement et par suite de donner des
sirops altérés ; de ne point épuiser complètement de sucre
les betteraves ; d'introduire beaucoup d'eau dans les jus et
d'exiger beaucoup de combustible, tant pour l'évaporation
que pour le chauffage des réchauffoires ; de faire subir au
jus passant alternativement des réchauffoirs dans les cuves
des alternatives de chaud et de froid qui paraissent être
aussi une cause puissante d'altération.

M. de Dombasle, comme on peut le voir par sa lettre
(page 177, tome 1)*, croit qu'on ne peut, par le système de
M. de Beaujeu, obtenir de régularité dans la marche des
eaux de macération, et que, par suite, la macération ne peut
pas s'opérer comme par son système de viremens successifs.
M. de Beaujeu, au contraire (voir sa lettre, page 56 , tome 2),* prétend que le système de filtration continue est préférable et s'appuie sur l'analogie de la filtration sur le noir.
La théorie est ici impuissante et la pratique seule peut
donner gain de cause à l'une ou l'autre de ces opinions.
Mais MM. de Dombasle et de Beaujeu sont d'accord sur
un point important qui consiste à amener le plus promptement possible les betteraves à la température nécessaire
à la destruction du principe vital, et l'un et l'autre présentent un mode particulier pour y arriver (Voyez les
deux lettres.)*

Quoi qu'il en soit, M. de Beaujeu a senti que plusieurs
des inconvéniens que l'on reprochait à son appareil étaient
réels et il a cherché à y remédier. Il a fait des essais sur la
fin de la campagne dernière, et il a annoncé avoir apporté à son système les améliorations suivantes : les ré-

---

* Flandre Agricole et Manufacturière.

chauffoirs, tuyaux et robinets de vapeurs sont supprimés. Il n'emploie que de l'eau froide à la filtration sans la réchauffer, il marche deux et trois fois plus vîte, il obtient des jus plus forts en degrés et épuise parfaitement les betteraves. Il doit publier dans une brochure son nouveau mode de travail, et comme les fabricans qui possèdent son appareil emploieront sans doute le nouveau mode, on sera probablement à même dans le courant de la campagne de pouvoir porter un jugement sur sa valeur.

SYSTÈME DE MM. MARTIN ET CHAMPONNOIS.

Le système de MM. Martin et Champonnois consiste dans un appareil qu'ils nomment macérateur, et qu'ils décrivent ainsi :

(Voir la planche 4.) *

« L'appareil est placé verticalement entre 6 solives de 4 pouces d'écarrissage, qui s'opposent à l'écartement dans tous les sens. Ces solives sont liées les unes aux autres à la partie inférieure, elles supportent le bâtis sur lequel tournent les engrenages. Deux solives de même écarrissage avec traverses s'opposent au rapprochement des deux branches de l'appareil.

» Le macérateur peut s'élever ou s'abaisser avec la plus grande facilité ; ce qui détermine la hauteur à laquelle on doit le fixer, c'est la condition que le jus, sortant par l'orifice (O), coule directement dans les chaudières à déféquer ou dans les bacs intermédiaires, s'il en existe.

» L'arbre de couche qui porte les pignons (P) doit tourner sur deux pièces de bois susceptibles d'être soulevées à l'aide de coins, pour tendre les chaînes quand elles s'allongent par l'effet de la dilatation.

» L'orifice (O') par lequel on introduit l'eau dans l'appareil, doit être placé à 18 pouces environ de l'orifice (O).

* Flandre Agricole et Manufacturière.

Un tuyau avec robinet de 18 lignes fait communiquer l'entrée (O') avec le distributeur qui communique lui-même, avec le grand réservoir d'eau.

Les deux robinets de vapeur R et R, sont placés, comme on le voit dans la fig. Aux deux joints M et N, on place un diaphrame en cuivre percé de très-petit trous pour amortir le jet de vapeur.

» Pour mettre en train l'appareil, on le remplit d'abord à moitié d'eau que l'on entretient presque bouillante. On charge alors successivement les palettes de 20 kilogrammes de rubans, et on les fait plonger dans cette eau jusqu'à ce que les premiers rubans apparaissent du côté d'où ils doivent sortir. Arrivé à ce point, on cesse d'introduire des rubans et on fait arriver en O' un courant d'eau bouillante, jusqu'à ce que le jus commence à couler en O. L'appareil se trouve ainsi empli ; et c'est alors que commence son travail régulier, qui ne doit être interrompu que le moins possible.

• L'ouvrier n° 1, venant, par un coup de manivelle, d'introduire la palette B chargée de rubans, et le jus commençant à couler en O, l'ouvrier n° 2 apporte 20 kilogrammes de Rubans nouveaux qu'il dépose sur la palette A à l'aide de la trémie T. L'ouvrier n° 1 donne alors un second coup de manivelle pour introduire la palette A qui vient en B. Au même instant, il ouvre le robinet K pour introduire 20 litres d'eau bouillante en O' ; pendant ce tems, l'ouvrier n° 2 charge la palette C, venue en A, et ainsi de suite. Si l'on fait un chargement en deux minutes, le macérateur ayant 30 palettes, on travaillera 600 kilogrammes de betteraves par heure, ou 14,400 kilogrammes par 24 heures, ce qui correspond à 150 hectolitres de jus environ.

• Pendant tout le tems de l'opération, le robinet R doit rester entr'ouvert, pour entretenir le jus presqu'au degré de l'ébullition , au moment où il sort de l'appareil par l'orifice O. Toutefois, il faut éviter avec grand soin de le faire bouillir tout-à-fait et de produire des boursoufflemens ; c'est le but des diaprhames percés de trous , dont il a été question plus haut.

» Au lieu d'introduire de l'eau bouillante par le robinet K , il serait beaucoup plus avantageux d'introduire de l'eau froide et de la réchauffer dans l'appareil même par le robinet R ; il en résulterait que les rubans , au moment où ils sortent du macérateur par la coupure D , seraient froids au lieu d'être bouillants, ce qui donne une économie de 10 hectolitres de charbon sur un travail de 30,000 kilogrammes de betteraves. Quoique cette modification n'ait pas été mise en usage à la campagne dernière, elle est expressément recommandée aux fabricans pour la campagne prochaine.

» Lorsqu'on veut terminer le travail, on cesse d'introduire des rubans de betteraves par la trémie T ; on fait bien plonger dans le jus la dernière palette chargée ; et on fait couler en O' un courant d'eau , jusqu'à ce que le jus qui sort en O , ne marque plus que trois degrés. On cesse alors aussi l'introduction de l'eau en O , et on fait tourner la chaîne du macérateur jusqu'à ce qu'il ne reste plus de rubans. L'appareil se trouve alors occupé par du jus faible marquant environ deux degrés ; on le soutire par le robinet inférieur Q, et on le porte à la défécation.

» On voit par là qu'il y a perte de sucre et de combustible, soit en commençant, soit en finissant l'opération , ce qui a engagé plusieurs fabricans à ne s'arrêter, au plus, que deux fois par mois. »

Plusieurs personnes capables et digne de foi, nous ont donné des renseignemens sur la marche du macérateur. Sur les points les plus importans, ces renseignemens diffèrent beaucoup entr'eux, et plusieurs même sont tout-à-fait contradictoires. Ce désacord nous semble dû aux divers modes d'expérimentation que l'on a employés, modes insuffisans et dont il n'est pas permis de tirer une conclusion positive, car nous ne connaissons qu'un seul mode rationnel. Comme nous le dirons tout-à-l'heure, nous n'avons point connaissance qu'il ait été employé.

Nous ne dirons qu'un mot d'abord des frais d'établissement comparés d'une usine montée par les presses ou par la macération ; nous les croyons à très-peu près les mêmes. Les rapes, presses et accessoires doivent coûter environ le prix des macérateurs avec les chaudières de concentration, générateurs, et autres ustensiles supplémentaires exigés par la moindre densité des jus. L'entretien des appareils et la main-d'œuvre doivent évidemment coûter beaucoup moins par la macération. Mais la quantité de combustible à user est plus grande par ce procédé. Nous ne pourrions donner de chiffres à ce sujet, et d'ailleurs ces chiffres seront variables suivant les localités où la main-d'œuvre et le combustible peuvent être à des prix très-différens.

La principale chose à examiner dans la macération, est l'épuisement de matière sucrée de la betterave et la qualité de cette matière sucrée.

A l'égard de l'épuisement de la matière sucrée, il y a grande divergence d'opinion parmi les fabricans. Les uns, ayant obtenu, par le macérateur, une grande proportion de sucre de premier jet, 6 1/2 pour cent, a-t-on dit, en ont conclu que le macérateur épuisait totalement les betteraves, tandis que d'autres, voyant des fabriques ainsi montées n'obtenir que des proportions minimes de mauvais sucre, en ont tiré une conclusion toute contraire, mais qui n'avait pas plus de fondement. On a voulu aussi faire des expériences comparatives entre les rapes et les macérateurs, mais il est encore arrivé de même que les uns ont trouvé que le macérateur rapportait plus, les autres, qu'il rapportait moins. Cela n'est nullement surprenant, car tant d'autres circonstances influent sur les résultats, même en employant les mêmes betteraves ! les tranches peuvent être plus ou moins bien macérées, de même les pulpes peuvent avoir été plus ou moins bien pressurées ; l'eau de macération peut être plus ou moins bonne on être employée à plus ou moins forte dose ; de même les presses, les claies, les sacs, les réservoirs, peuvent être plus ou moins proprement tenus, plus ou moins empreints de fermentation ; toutes ces circonstances et mille autres qui se présentent depuis l'extraction du jus jusqu'à la recuite des derniers produits, modifient les résultats et empêchent d'obtenir une solution tant soit peu exacte.

C'est tellement vrai, que nous avons vu deux fabriques marchant par les presses et par les mêmes procédés, faire, l'une, des produits magnifiques, l'autre, des sucres gras, mousseux, très-mauvais. Les deux fabricans, attribuant ces résultats différens à l'espèce respective de leurs betteraves, en échangèrent entr'eux une partie, et le travail n'en fut nullement changé. On s'aperçut enfin que cette différence tenait à un foyer de fermentation qui se trouvait dans les claies et dont on ne s'était pas aperçu. S'ils avaient travaillé par des procédés différens, on se serait hâté de conclure que le procédé employé par le second ne valait rien. Il faut donc se tenir bien en garde contre les expériences comparatives qui ne peuvent pas être faites dans des circonstances parfaitement égales, et il est bien difficile d'obtenir des circonstances parfaitement égales dans un travail continu tel que celui du sucre.

On a aussi essayé, pour s'assurer de l'état d'épuisement des tranches de macération, deux modes d'expérimentation qui paraissent au premier abord plus rationnels. Ainsi, travaillant par la macération, on rapait préalablement quelques betteraves, et on s'assurait du degré aréo-

métrique du jus que fournissait leur pulpe par le pressurage. D'un autre côté, on calculait le degré aréométrique
du jus de macération réduit à la même température, on
concluait de là l'eau introduite ; en déduisant cette eau,
on avait la quantité de jus obtenu, soit 75, 80 ou 90 pour
cent du poids des betteraves. Ce mode n'est pourtant pas
concluant, car il prouve seulement qu'on retire de la betterave tant pour cent de liquide, tenant une solution diverses substances ; mais rien n'indique si parmi ces substances
contenues dans ce liquide, et qui sont du sucre, de l'albumine, de la gomme, etc., si parmi ses substances, disons
nous, le sucre en est plus moins grande quantité. Or, d'a-
près les expériences de M. *Raspail*, les tranches de betteraves ne doivent rendre à l'eau, en fait d'albumine et de gomme, que celles contenues dans le peu de cellules qui se
sont rencontrées sous le couteau, tandis que les vaisseaux
ouverts et contenant le sucre ont pu être mieux épuisés.
On aurait donc tort de conclure, si le chiffre calculé
était de 75 à 80 pour cent, que la betterave n'était pas plus
épuisée *de sucre* que par les presses.

Enfin le mode qui semblait le meilleur était celui-ci ; on
rapait et pressurait les tranches après la macération, et
l'on constatait le degré aréométrique du liquide que l'on en
obtenait (ce liquide pesait ordinairement de 1 à 2") ; alors,
connaissant, la quantité de liquide restant dans les tranches après la macération, et le degré aréométrique de ce
liquide ; connaissant, d'autre part, la quatité de jus obtenu
par la macération et son degré aréométrique, on réduisait
ces deux liquides au même degré, et, de leurs quantités
respectives, on concluait les quantités proportionnelles de
matière sucrée extraite des tranches et de matière sucrée
demeurant dans les tranches. On arrivait ordinairement
ainsi à un résultat dénotant un faible épuisement des tranches ; mais ce résultat était inexact, car si la température
n'avait pas été suffisante pour coaguler l'albumine, la ra-

sion et le pressurage des tranches brisait les cellules, et donnait, dans le second liquide, beaucoup plus d'albumine que de sucre. Dans tous les cas, la gomme ou le mucilage pouvaient aussi influencer les résultats.

Or, voici, selon nous, le seul mode rationnel que l'on puisse employer. Il consiste à prendre les tranches sortant de la macération, et de les faire remacérer dans l'eau jusqu'à ce qu'elles ne lui rendent plus qu'une portion minime de degrés, soit 1/10, tenir compte de ce qui reste de liquide pesant dans les tranches, examiner le degré aréométrique de cette nouvelle eau de macération. La comparaison des quantités respectives de jus obtenu d'abord, et de cette eau (le tout réduit au même degré aréométrique) donnera les quantité proportionnelles de sucre obtenues et de sucre restant dans la betterave, puisque dans ces deux liquides, les deux substances venant des mêmes vaisseaux se trouveront en solution, tandis que les cellules n'auront pas plus fourni à l'un qu'à l'autre. Ces expériences seraient très-délicates et auraient besoin d'être faites avec grand soin.

En attendant ces expériences, nous ne pouvons nous en rapporter qu'à quelques faits pratiques qui nous semblent prouver que jusqu'à ce jour l'épuisement n'a pas encore pu être complet par le macérateur, qu'il peut être poussé très-loin cependant, mais avec une addition d'eau très-grande et en marchant très-lentement, deux conditions mauvaises, comme nous le verrons tout-à-l'heure. Cependant, on peut avoir un épuisement satisfesant avec une marche qui ne soit pas trop lente, en coupant les lanières très-fine et très-régulières.

On sait que, pour épuiser le mieux possible les tranches de betteraves, il est utile de faire circuler l'eau de macération d'une manière uniforme, et qu'elle suive bien invariablement la marche opposée à celles des tranches. Il parait que la prise de vapeur mélangée que l'on introduit dans le macérateur, trouble quelquefois cette marche , et qu'il serait désirable de pouvoir chauffer par contact. On aurait cru aussi *à priori,* que dans la branche du macérat ur où la marche du liquide est ascendante , on aurait cru , disons-nous , que cette marche devait être troublée par la différence de densité des liquides. Ainsi , le liquide devait croître de densité en remontant , les couches les plus élevées se trouvant les plus denses, doivent descendre, et les couches inférieures étant plus légères , doivent remonter. Or, M. *Kulmann ,* chimiste distingué de Lille, nous a dit avoir examiné avec soin si ce fait avait lieu , et il a remarqué u'il ne se produisait pas, ce qui parait, au premier abord , étonnant et contraire aux lois de l'équilibre; mais M. *Kulmann* l'explique très-bien , par ce motif que le liquide , alors qu'il est plus chargé de matières solubles dans les couches supérieures , n'en est pourtant pas réellement plus dense, attendu qu'il est en même tems à une température plus élevée. Ainsi, du liquide pris au robinet Q , pesait, à l'aréomètre, 4° 1/2 ; — pris au milieu de la branche, 5° 3/4 ; — et au débordement en B, 6° (le tout réduit à 15° de température); tandis qu'en le pesant immédiatement à la température à laquelle chacun se trouvait, on avait partout le même degré aréométrique de 2 3/4.

Il ne suffirait pas , pour que le macérateur fût avantageux, que l'épuisement fût complet, mais il faut encore que le liquide obtenu soit de bonne qualité. Malheureusement, il existe dans les opérations du macérateur, deux conditions qui s'y opposent : la lenteur de l'opération et l'affaiblissement de densité des jus. Le liquide demeure au moins une heure dans l'appareil, à un degré très-faible; il reste à ce degré dans les réservoirs et pendant la défécation ; il reste plus longtems à la concentration que le jus

de presses, tout cela le fait fermenter, et il y a transformation du sucre cristallisable en sucre incristallisable. Ces
résultats doivent se produire ; et, en effet, nous avons vu
généralement les fabricans qui macèrent, se plaindre à ce
sujet. Généralement aussi, ils n'ont pas assez égard à l'eau
qu'ils emploient ; et quand cette eau renferme quelque
principe fermentescible, l'altération a lieu avec bien plus
de force et de rapidité. C'est ainsi qu'à Choisy-le-Roy, M.
de Mallet, qui macère par le procédé de M. *de Beaujeu*,
n'ayant que des eaux sulfureuses, retire de ses betteraves
beaucoup de sucre incristallisable ayant un aspect gom-
meux très-prononcé.

Sous ce rapport, nous sommes très-portés à croire et
pour ainsi dire certains que les procédés de M. *Serbat*,
qui ont justement pour but d'empêcher le genre d'altération dont nous venons de parler, seront très-efficaces
dans la macération, et qu'ils pourront faire presque complètement disparaître cette altération.

Ainsi donc, nous n'oserons pas dire que nous en pouvons rien conclure de positif sur les procédés de macération, mais nous croyons que jusqu'à présent aucun n'a été,
parses résultats, supérieur aux presses. Nous croyons aussi
fermement qu'ils seront bientôt améliorés ; déjà les expériences de M. *Raspail* éclairent la théorie de cette
opération ; et l'application des procédés de M. *Serbat* nous
paraît devoir lui être aussi des plus utiles. Espérons qu'un
jour, peu éloigné peut-être, la macération nous donnera
la possibilité d'extraire tout le sucre contenu dans la betterave.

Défécation.

Immédiatement après son extraction, le jus est soumis
à la défécation. Pour cela, on le chauffe dans des chaudières dont la capacité est ordinairement de 7 à 10 hecto-

litres. Les chaudières à vapeur l'emportent de beaucoup sur celles chauffées à feu nu. Il en est de même pour toutes les opérations qui suivent celle-ci. Lorsque le jus a atteint la température de 60° environ, on y jette un lait de chaux que l'on prépare pour chaque défécation, avec une quantité de chaux caustique pesée avec soin, puis teinte avec un peu d'eau chaude. Si l'on veut avoir un dosage plus exact, on éteint préalablement la chaux, et on la mesure ensuite. La chaux détermine le rassemblement des matières insolubles, et il se forme une écume qui monte à la surface du liquide, et un dépôt qui se précipite au fond du vase. La masse du liquide devient limpide, et plus ou moins colorée. On décante alors séparément le liquide clair, puis on mélange, en brassant fortement les écumes et le dépôt, et l'on presse ce mélange sur une presse à vis, une presse hydraulique ou une presse à levier. Le liquide clair obtenu est mélangé avec le précédent; la matière solide qui reste dans les sacs sert comme engrais.

La chaux remplit un rôle fort important et dont l'action compliquée mérite beaucoup d'attention. 1° Elle sature une petite quantité d'acide libre, lorsqu'il s'en rencontre dans le jus soumis à la défécation. 2° Elle s'unit à l'albumine. 3° Elle s'empare d'une portion de la partie colorante des betteraves. 4° Elle décompose les sels ammoniacaux, et, dit-on, quelques sels à base de potasse dont l'acide est inconnu. 5' Enfin, l'excès reste en dissolution par le moyen du sucre et de l'eau.

La deuxième action dont nous venons de parler, présente des phénomènes remarquables. L'albumine, qui se coagule par une certaine proportion de chaux, se redis-

sout, à mesure que l'on dépasse cette quantité ; de sorte
que la liqueur, quoique limpide, renferme encore de l'albumine. Dans le premier cas, les écumes sont cohérentes,
colorées en gris foncé, quelquefois presque noires, et se
crevassent en plusieurs endroits qui laissent apercevoir du
jus limpide. Dans le second cas, les écumes sont plus molles et colorées en jaune verdâtre; les crevasses ne s'obser-
vent plus. Les betteraves contiennent quelquefois du jus
très-coloré, soit en jaune, soit en rouge, soit en brun. Un
excès de chaux ramène la couleur rouge à la couleur jaune; elle a peu d'influence sur la couleur brune. En 1831
et 1832, l'un de nous fit un grand nombre d'expériences
pour décolorer les sucs de cette nature, et elles eurent
toutes un résultat négatif.*

La décomposition des sels ammoniacaux par la chaux,
ne peut être qu'avantageuse ; car, par la chaleur, cet effet
aurait lieu, et les acides se trouvant libres, agiraient sur
le sucre et le convertiraient en sucre mammelonné. L'am-
moniac s'évapore sans produire de phénomènes bien remarquables.

Daniell a remarqué que le sucre, sous forme de sirop,
pouvait dissoudre la moitié de son poids de chaux ; c'est ce
qui fait que, dans le jus de betterave on en met plus que
l'eau n'en pourrait contenir ; car, à froid, elle n'en dissout que 0,07 de son poids, et encore moins à chaud. Nous
verrons plus tard le résultat de cette action sur le sucre.
Les sirops de betterave, qui sont peu alcalins (soit que
cette alcalinité vienne de la chaux dissoute, de la potasse

---

* On employa l'albumine, l'alumine, l'acide sulfureux, le sulfate de
chaux, l'*infusion* de noix de Galle, etc. Il n'y eut que le seul charbon
animal qui réussît.

mise en liberté par la chaux , ou de ces deux causes réunies) , donnent du sucre peu nerveux ; au contraire , ceux qui contiennent un excès d'alcali restent peu colorés, conservent la simple odeur de betterave, mais souvent résisten à la cuisson.

Beaucoup de fabricans mettent à la défécation la plus grande quantité de chaux possible, et ne connaissent de limite dans son emploi que celle qui est indiquée par la cuite devenue impossible.

M. Dubrunfaut, pour reconnaître qu'il reste de la chaux libre dans le sucre défécqué, a indiqué la pellicule de carbonate de chaux qui se forme à la surface du liquide, par l'insufflation de l'haleine , qui , comme chacun le sait , contient de l'acide carbonique. Il faut distinguer une autre pellicule qui peut se former sans le concours de l'haleine et par le simple refroidissement ; elle est due à une matière qui est tenue en dissolution dans le suc et qui se solidifie par simple dessication. J'ai remarqué que cette pellicule ne pouvait se former dans un lieu rempli de vapeur d'eau , ce qui se rencontre ordinairement dans les sucreries. La pellicule de carbonate de chaux, au contraire, s'y forme aussi bien que dans un lieu sec.

La quantité de chaux nécessaire pour obtenir une bonne défécation est variable suivant la quantité des jus soumis à cette opération ; mais, en moyenne, elle est d'environ 5 grammes par litre de jus. La limpidité et la teinte peu foncée des jus, sont, ainsi que la pellicule, les caractères qui annoncent que la chaux a été employée à dose suffisante.

Concentration.

Dans l'opération de la défécation, comme dans les opérations suivantes, il faut avoir sans cesse égard à cette considération, que le sucre cristallisable peut éprouver une altération qui le transforme en sucre incristallisable, et qu'il faut prendre tous les moyens conciliables avec les opérations manufacturières, pour le mettre, le plus possible, à l'abri de cette altération.

Le sucre en solution dans l'eau, c'est-à-dire, à l'état de sirop, éprouve toujours l'altération dont nous venons de parler *. Il y a transformation du sucre cristallisable en sucre incristallisable, puis production d'un acide.

Cette transformation a toujours lieu, à une température basse ou élevée, avec ou sans le contact de l'air, en présence des acides ou des alcalis, quels que soient ces acides ou ces alcalis.

Cependant, ces diverses circonstances influent sur cette transformation, la favorisent ou la contrarient, mais ne l'arrêtent jamais complètement. Ainsi l'altération est favorisée par l'élévation de température, la présence d'un acide, la force de cet acide et sa quantité, par un laps de tems plus prolongé et par le contact de l'air. Elle est contrariée par les circonstances opposées : l'abaissement de température, la présence d'un alcali, sa force et sa quan-

---

* Un sirop de sucre concentré et chimiquement pur, peut être conservé à l'abri du soleil sans s'altérer ; mais nous ne voulons parler ci-dessus que des circonstances ordinaires de fabrication, dans lesquelles les sirops ne sont jamais purs, mais, au contraire, contiennent divers sels et autres substances en solution, et ne se trouvent jamais à une température inférieure à 6° R.

tité (autant qu'on ne dépasse pas certaines limites de causticité), un laps de tems moins prolongé, la soustraction de la solution au contact de l'air *.

Il faut donc faire tous ses efforts en fabrication, pour obtenir ces dernières circonstances et empêcher ainsi l'altération. Mais parmi ces circonstances, il en est qui favorisent plus ou moins cette altération, qui par conséquent sont plus ou moins importantes à remplir.

* Les théories que l'on a données sur l'altération des sucres, reposent sur des expériences extrêmement compliquées, des faits quelquefois contradictoires, et sont souvent inconciliables avec les faits pratiques de la fabrication. Nous croyons que la théorie que nous donnons ici en abrégé, se concilie parfaitement avec tous les faits de fabrication qui ont été bien observés; et que tout en tirant des expériences exactes, faites par les chimistes, des conséquences autres que celles qu'ils en ont tirées, nous n'admettons du moins rien que ces expériences contredisent. Ainsi, nous nous appuyons beaucoup sur les expériences intéressantes de MM. Malagutti et Bouchardat, tout en pensant que M. Malagutti en a tiré une conséquence fausse, du moins quant à l'application pratique à la fabrication du sucre indigène. M. Malagutti ayant constaté que l'altération du sucre avait lieu en présence des acides et aussi en présence des alcalis, en a conclu que l'action des acides sur le sucre était identique avec celle des alcalis. Tandis que nous pensons qu'il ne pouvait en tirer cette conséquence, et que s'il eût exposé dans les mêmes circonstances une solution sucrée sans acides ni alcalis, il y aurait eu aussi altération; mais que l'altération aurait été moindre dans la solution alcaline que dans la solution neutre, et moindre dans la solution neutre que dans la solution acide. Nous sommes convaincus que si cet effet, contre toute attente, n'a pas lieu dans certaines circonstances, il a lieu du moins dans celles où est placé le sucre dans les opérations de la fabrication, et qu'en présence des sels et des diverses substances que renferme le jus de betteraves, le sucre est d'autant moins altéré que la solution est plus alcaline. C'est là un fait pratique bien avéré chez tous les fabricans. De sorte que loin de conclure que l'action des alcalis et des acides sur les sucres, est identique, il faut conclure que dans toute solution sucrée il y a altération du sucre, que cette altération est plus ou moins grande, selon que la solution est plus acide ou plus alcaline ; que, par conséquent, les acides favorisent et les alcalis contrarient cette altération. Cela est surtout certain pour les solutions exposées à la température ordinaire des étuves et des ateliers.

Le contact de l'air paraît peu important, quoiqu'on lui ait souvent attribué une grande influence ; mais le degré de température est plus à considérer. C'est sous ce point de vue que les appareils à cuire dans le vide et à l'air chaud, sont dignes d'attention. Le tems que durent les opérations est encore plus important, non seulement celui qui s'écoule depuis le rapage jusqu'à la cuite, mais encore celui qui s'écoule depuis cette opération jusqu'à la dernière recuite des derniers produits, et nous sommes convaincus, que c'est pendant ce dernier laps de tems que s'opère la plus grande altération, à laquelle malheureusement on ne porte pas beaucoup d'attention. Enfin, la circonstance qui, sans contredit, est la plus importante, est l'état chimique des sirops : elle est d'une importance telle, que toutes les autres ne sont comparativement presque plus rien. Aussi voit-on des fabriques prospérer et faire de très-beaux produits avec de mauvais appareils et de bons procédés, tandis que pas une avec de bons appareils et une mauvaise manipulation, ne peut bien marcher. Les procédés, la manipulation, voilà le principal ; les appareils sont d'une importance fort secondaire.

Nous avons dit qu'il fallait que les sirops fussent constamment maintenus dans l'état le plus alcalin que pouvaient permettre les exigences des opérations manufacturières. En effet, on a vu déjà que la cuite ne pouvait se faire lorsqu'on dépassait certaines limites d'alcalisation à la défécation.

Ces principes, posés pour nous servir de règle dans le cours des opérations suivantes *, nous allons parler de la concentration.

---

* Nous donnerons plus tard, dans un article spécial, la théorie complète de toutes les altérations que le sucre peut éprouver.

Au sortir de la défécation, le jus, par la précipitation de l'albumine et d'autres corps par la chaux, a perdu une partie de sa pesanteur spécifique, et il pèse souvent à l'aréomètre de Beaumé, deux degrés de moins qu'avant cette opération (en réduisant les jus, pour la pesée, à la même température); ainsi, un jus pesant froid, sortant des presses, 8 d. B., ne pèse plus ordinairement que 6 d. après la défécation, en le refroidissant également. Cette perte de densité n'est pas toujours telle; elle est variable selon que les jus contiennent plus ou moins de corps que la chaux puisse précipiter.

Ce jus déféqué est tour-à-tour filtré, clarifié, concentré plusieurs fois. Ces filtrations ne se font pas chez les divers fabricans, aux mêmes momens, ni de la même manière; les uns filtrent après la défécation, d'autres à 10, 15, 27° B. ; les uns une seule fois, le plus grand nombre deux et trois fois; les uns sur des filtres de toile ou de coton, d'autres sur des filtres au noir gros, etc. Nous parlerons avec détails de ces filtrations, à l'article qui leur sera consacré. Nous nous contenterons d'admettre, quant à présent, l a marche la plus générale (qu'il nous est utile d'indiquer pour expliquer la concentration). Voici cette marche, la plus suivie : — après la défécation, filtration ; — concentration jusqu'à 15°, seconde filtration ; — concentration jusqu'à 27°, clarification, troisième filtration ; — cuite.

Le jus déféqué se concentre avec d'autant plus de facilité, qu'il est plus limpide et plus dépouillé de corps étrangers. Ce dernier point a lieu lorsque la défécation a été bien faite; le premier n'est obtenu que par la filtration, car le jus, tel bien déféqué qu'il soit, conserve toujours

une foule de particules solides en suspension que le repos
ne peut enlever et qui ne disparaissent que par une bonne
filtration. Cette filtration est donc très-utile.

Le jus est reçu dans des chaudières de formes diverses,
et y est évaporé le plus rapidement possible. Pendant cette
évaporation, il se forme un dépôt de composés calcaires
qui se précipitent au fond de la chaudière et souvent l'en-
croûtent de manière à entraver le travail.

On n'a pas expliqué ce phénomène, en disant que les
sirops contenant moins d'eau, ne peuvent tenir qu'une
moindre quantité de sels calcaires en solution, et que ces
sels alors sont précipités. Cette explication ne nous semble pas bonne; car, en remplaçant l'eau évaporée par de
l'eau nouvelle, on ne peut redissoudre le précipité. Nous
ne savons pas non plus si l'on pourrait admettre que pendant cette évaporation, les sels aient formé de nouvelles
combinaisons moins solubles que les premières. Nous pensons que l'on peut expliquer ce phénomène plus rationel-
lement. Voici cette explication, que nous ne donnons
d'ailleurs que comme une présomption. Les jus sortant de
la défécation, renferment divers sels solubles dans l'eau et
divers sels déliquescens de potasse et d'ammoniaque; ils
renferment aussi plusieurs sels de chaux insolubles dans
l'eau et de la chaux libre, qui, elle-même, est peu soluble
dans l'eau. Les corps insolubles, sont rendus solubles à
l'aide des corps solubles tels que le sucre et les sels dont
nous avons parlé *. Après une évaporation plus ou moins

---

* La chaux et le carbonate de chaux sont solubles à assez forte dose,
en présence de l'hydro-chlorate de potasse. La chaux est soluble à forte
dose, en présence du sucre. L'analogie porte à croire que les divers sels
insolubles de chaux, deviennent solubles en présence du sucre, d'hydro-chlorates et d'autres sels très-solubles eux-mêmes.

prolongée, les sels ammoniacaux sont en partie décomposés, et l'ammoniaque évaporée. Les acides de ces sels s'unissent à la chaux libre que renferme le jus, et forment de nouveaux sels insolubles. Les sels insolubles étant ainsi en plus grande quantité par cette formation, et les sels solubles en moindre quantité par la décomposition des sels d'ammoniaque, les sels solubles ne peuvent plus tenir les sels insolubles en solution, et ces derniers se précipitent.

Il est probable que la chaux libre est en plus grande proportion dans les jus qu'on ne l'a pensé jusqu'à présent. En effet, M. Dubrunfaut annonça un jour que l'on avait fait traverser du jus déféqué par un courant d'acide carbonique, et que le jus ne s'était point troublé. L'expérience était exacte, mais, à cette époque, on déféquait avec moins de chaux qu'à présent, parce qu'on n'avait pas les filtres de Dumont et qu'on n'aurait pas pu cuire; les défécations étaient incomplètes ; mais encore, la conséquence qu'il ne restait pas de chaux libre dans le jus, ne nous semble pas exacte ; en effet, le jus pouvait contenir des hydro-chlorates, et le carbonate de chaux est soluble en présence des hydro-chlorates et de la chaux libre, de sorte qu'il était possible qu'il se formât un carbonate de chaux se dissolvant à mesure de sa formation. Un précipité aurait donc indiqué non seulement de la chaux libre, mais un excès de chaux libre tel que les corps solubles pouvant agir sur le carbonate de chaux et le rendre soluble, avaient déterminé la dissolution d'une quantité de chaux suffisante pour paralyser leur affinité. La pellicule indiquée par M. Dubrunfaut comme caractère de défécation, et qui est si utile aux fabricans, dénoterait ainsi probablement, non seulement de la chaux libre, mais un

grand excès de chaux libre, et il faut que le jus contienne
ce grand excès de chaux.

Quelques fabricans neutralisent une partie de l'alcali
avec de l'acide sulfurique qu'ils ajoutent dans le sirop, soit
après la défécation, soit lorsqu'il est concentré à 15 ou 27°,
(on a abandonné tout-à-fait l'addition de l'acide à la défécation même). Il se forme, lors de l'addition de l'acide, un
précipité calcaire qu'il faut séparer avec soin. Cette opération est aussi presqu'abandonnée, l'acide est si délicat
à manier dans la fabrication, que les fabricans le crai-
gnent avec raison. Le sirop, comme nous l'avons dit,
n'est jamais trop alcalin, et la difficulté de cuire, seule,
met une limite à l'alcalisation. L'addition de l'acide ne
peut avoir alors aucun autre but rationel que de donner
la possibilité de cuire un sirop trop alcalin. Or, en travaillant avec soin, ajoutant à la défécation suffisamment
de chaux pour obtenir la pellicule, mais pas trop d'excès
et employant une quantité de noir raisonnable *, on parvient à cuire assez facilement. Sans compter qu'on n'est
pas assuré de l'innocuité des sulfates, l'addition d'un peu
trop d'acide est si à craindre que l'on doit tout faire pour
l'éviter.

Les sels ammoniacaux, comme nous l'avons dit, se décomposent, et l'ammoniaque s'évapore pendant la concentration. Mais ces sels se décomposent si difficilement, que
même dans la dernière évaporation, dans la cuite, il se dé-
gage encore de l'ammoniaque. Or, si on avaitcomplètement
neutralisé le sirop à 15 ou 27°, il deviendrait acide par l'é-
vaporation de l'ammoniaque à la cuite.On ne neutralise jamais parfaitement, et cependant il arrive souvent à ceux

* Ce noir neutralise les alcalis.

qui se servent ainsi d'acide sulfurique, d'avoir des sirops acides à la cuite, et par suite perte énorme dans les produits, par la réaction de l'acide sur le sucre, pendant la cuite et sur les sirops d'égoût pendant le repos.

Nous avons dit plus haut que dans le sirop, pendant la concentration, se fesait un précipité de sels calcaires; ce précipité, en partie, s'attache au fond de la chaudière, et, en partie, reste en suspension dans le jus qu'il rend louche et trouble. Plusieurs fabricans jettent avec succès, dans la chaudière de concentration, un peu de noir fin sur lequel s'attachent les dépôts calcaires, et qui empêche ainsi l'encrassement de la chaudière. La seconde filtration, à 15°, a pour but de séparer le liquide clair du dépôt, et du noir lorsqu'on en a ajouté. Si cette filtration est faite sur du gros noir, elle a un second motif dont nous parlerons à l'article filtration.

Le jus ainsi filtré à 15°, est de nouveau concentré jusqu'à 27°. Les dépôt calcaires qui se forment alors, sont peu considérables comparativement à ceux qui se forment pendant la première concentration. Cela est, en partie, dû sans doute à ce que, pendant cette seconde concentration, il ne s'évapore plus, à beaucoup près, autant d'ammoniaque.

Dans la manœuvre que nécessite le mouvement des sirops, il est utile d'éviter les pompes qui maintiennent toujours dans le tuyau d'aspiration, une certaine quantité de sirop qui peut fermenter. Elles sont aussi souvent sujettes à ne pas marcher avec des liquides bouillans, tandis que les appareils à monter les liquides (dits mnote-jus) *, sont excessivement bons, commodes et économiques; leur usage se répand maintenant considérablement.

Les chaudières de concentration à feu nu et à grilles de

vapeur, sont trop connues pour que nous en parlions; le
concentrateur de M. Halette est généralement abandonné;
nous parlerons de l'évaporation dans le vide lorsque nous
serons à la cuite; mais il est un nouvel appareil qui pae
raît très-simple et très-bon : il consiste en une chaudièr
chauffée à vapeur dont la surface est inclinée, et cannelée
transversalement; le sirop coule sur la surface en quelque sorte en cascade, y passe très-vite et est concentré en
peu de minutes. Cette chaudière est de MM. Péan frères,
à Blois. M. Borel, à Saint-Quentin, a aussi fait monter une
chaudière à peu près de ce genre, dont il est très-satisfait.
On avait longtems cherché à concentrer ainsi les sirops par
circulation continue, et des inconvéniens imprévus étaient
toujours venus empêcher la réussite. Nous désirons que ces
nouveaux appareils remplissent bien leur but, et ils seront ce qu'il y a de mieux pour la concentration, car le
sirop sera très-rapidement concentré, la chaleur du combustible bien utilisée, la main d'œuvre pour la manuten-
tion, peu considérable, et les prix des appareils devront
être peu élevés.

Clarification.

La clarification s'opère ordinairement sur des sirops
concentrés de 27 à 32° B. On la fait avec du sang ou du
lait, et du charbon réduit en poudre fine. C'est dans
cette opération qu'on utilise la pluvicule du tamisage du
charbon dans les sucreries où on le revivifie. Cette opération donne des résultats différens suivant que l'on en opéra
sur des sirops alcalins, neutres ou acides. Quoi qu'il sn
soit, voici la manière dont on doit opérer, pour parvenir
à un bon résultat: il faut, à froid, délayer le sang dans le

* Voir tome 1, page 19.

sirop , celui-là pesant environ 8° ; on en met au moins
1/2 litre par hectolitre de celui-ci. On les agite bien pour
faire une égale répartition de l'albumine , on ajoute alors
un à deux kil. de charbon fin par hectolitre de sirop , on
chauffe et on remue le tout au moyen d'une large spatule
ou mouveron , jusqu'à ce qu'on ait atteint la température
de 55 à 60° cent. : alors on cesse d'agiter, le charbon se
précipite en partie ; mais si le feu est bien conduit l'albumine ne tarde pas à se coaguler et sa densité venant à
changer par le fait de cette coagulation , elle remonte à
la surface de la chaudière , en enveloppant et enlevant le
charbon animal qui doit ne plus laisser aucun dépôt. Si
l'on en employait davantage , il faudrait augmenter la
quantité d'albumine , sans quoi, elle ne suffirait pas pour
l'envelopper parfaitement. On fait monter quelques bouillons jusqu'à ce que les écumes ramolies se fendillent , et , si
la liqueur est neutre , en procédant de cette manière , on
obtient une clarification parfaite. Si elle est acide par
fermentation , de l'albumine reste en dissolution et la
liqueur peut ne pas se clarifier complètement. Si elle est
alcaline , la même chose arrive encore ; de l'albumine se
trouve dissoute , soit par l'ammoniaque , soit par un excès de chaux, et cette albumine reparaît à la cuite en formant une écume abondante et intarrissable. Le sang se
coagulant par la simple application de la chaleur, et le
lait ne jouissant pas de cette propriété , il faut nécessairement que la liqueur soit alcalisée par la chaux , ou qu'on
y ajoute un peu d'acide sulfurique délayé au dixième ou
au vingtième , pour que la clarification puisse s'opérer.
Dans tous les cas, il est de la plus haute importance de s'assurer, au moyen du tournesol , de l'état d'un sirop avant
de procéder à la clarification, et il ne faudrait jamais clari-

fier un sirop acide, sans y ajouter un lait de chaux pour le saturer.

Le résultat de la clarification est jeté sur un filtre de laine ou de coton. On emploie à cet usage une foule de filtres de formes diverses. Toutes ces formes ont pour but, ou de faire filtrer rapidement le sirop en lui présentant un grand développement de surface de tissus, ou bien de le forcer à traverser le noir renfermé dans les filtres, en ne p'açant de surfaces filtrantes qu'au fond, de sorte que le noir qui se place naturellement dans ce fond, doive être traversé par le sirop. Ces deux circonstances, la rapidité de la filtration, et le passage à travers le noir, sont utiles, mais malheureusement s'excluent l'une l'autre.[*] Il faut donc choisir entr'elles, et maintenant que la filtration avec le noir en grain permet d'obtenir la seconde, on préfère, pour la clarification au noir fin, filtrer rapidement. Le filtre Taylor est un des meilleurs appareils pour remplir ce but.

La clarification était autrefois universellement employée. Depuis l'introduction des filtres-Dumont dans les sucreries, beaucoup de fabricans l'ont abandonnée et se contentent de filtrer une ou plusieurs fois leurs sirops sur le noir en grains. On a pensé que le noir en grains, employé ainsi à forte dose, remplaçait complètement dans toutes ses conséquences la clarification. Cependant, depuis quelques années, on s'est aperçu qu'il n'en est pas ainsi, et plusieurs fabricans ont repris la clarification. La clarification dégraisse des jus que la filtration sur le noir en grains ne saurait dégraisser, à moins de l'employer à des doses infiniment plus élevées. Lorsqu'aussi des sirops

---

[*] Nous ne parlons ici que du noir fin.

refusent de cuire , la clarification leur rend cette propriété comme le ferait la filtration sur le gros noir, mais
elle produit cet effet avec une dose de noir fin très-petite,
comparativement à celle de gros noir qu'il aurait fallu
employer.

On ne peut pas facilement expliquer cet effet ; car le
noir fin , employé en clarification et de la manière ordinaire , ne produit pas une décoloration plus grande des
sirops , que le noir gros employé dans les filtres Dumont.
Si le noir fin ne s'empare pas , employé en clarification ,
d'une plus grande quantité de matière colorante , que le
noir gros employé dans les filtres Dumont, il semblerait
que, dans les mêmes circonstances , il ne devrait pas non
plus s'emparer d'une plus grande quantité de matière mucilagineuse , c'est-à-dire , dégraisser davantage les sirops ,
ni neutraliser une plus grande quantité d'alcali, c'est-à-
dire , rendre les sirops plus aptes à pouvoir être cuits.
Cependant , toute la pratique des fabricans qui ont fait
des essais sur ce point , tend à prouver qu'il en est ainsi ;
ce qui ferait penser que cette action ne réside pas seulement dans l'emploi du noir , mais aussi dans celui de l'albumine.

Ainsi donc il est utile et quelquefois presqu'indispensable de clarifier les sirops.

Les appareils qui servent à cette opération , sont à peu
près les mêmes dans toutes les fabriques. Les chaudières
cylindriques à feu nu , offrent une assez grande perte ed
combustible , en ce qu'il faut éteindre le feu à chaque
opération ; elles ne permettent pas non plus de faire
monter plusieurs fois les écumes, ce qui est souvent utile. Les chaudières à vapeur , à serpentins ou à grille ,
sont difficiles à nettoyer , le liquide placé sous la grille n e

s'échauffe , ni ne se clarifie , ce qui les a fait généralement proscrire. On se sert le plus généralement des chaudières à vapeur, semblables à celles employées pour la défécation. C'est une espèce de bain-marie , mais chauffé par la vapeur. Le fond de la chaudière a la forme d'une calotte renversée. Dans quelques raffineries , on place sur cette calotte un serpentin percé d'une multitude de petits trous. On introduit la vapeur dans ce serpentin , elle s'échappe à travers les petits trous, et, en se mélangeant à la claircée produit un bouillonnement et une agitation continuelle qui est très-favorable à l'action du noir. On pourrait peut-être se servir avantageusement de ce procédé dans les fabriques de sucre, mais il est possible cependant, qu'un inconvénient inhérent à ce genre d'appareil en compense les avantages. Cet inconvénient consiste dans l'introduction d'une certaine quantité d'eau , introduction indispensable dans tout chauffage à vapeur mélangée. Cet inconvénient , qui n'en est pas un pour la raffinerie , puisqu'il faut toujours ajouter de l'eau pour la fonte , peut être très-grand pour la fabrication du sucre.

Filtration.

On confond sous le nom de filtration deux opérations distinctes qui quelquefois ont lieu simultanément, mais dont les effets sont différens. La première, toute mécanique, consiste à dépouiller le sirop de tous les corps solides qu'il tient en suspension, si ténus qu'ils soient, de manière à le rendre clair et limpide. La seconde , toute chimique, consiste à dépouiller le sirop de corps qui s'y trouvent en dissolution sans qu'ils troublent sa limpidité, soit la matière colorante, soit des substances alcalines, soit des matières grasses qui entravent les travaux. Pour la première opération, le dépouillement des corps solides qui se trouvent en suspension dans le sirop, on peut lui faire traverser des étoffes de toile, laine, ou coton plus ou moins serrées sur le tissu desquelles les corps en suspension viennent se déposer, tandis que le liquide clair passe à travers les espaces vides du tissu. Plus les tissus sont serrés, plus le liquide est rendu limpide ; mais aussi plus l'opération est lente et réciproquement. Aussi se sert-on de toiles claires pour les liquides que l'on ne tient pas à obtenir d'une limpidité parfaite et de tissus de coton pour les liquides que l'on veut obtenir très-limpides. On ne se sert pas de tissus de laine dans la fabrication du sucre indigène, parce que ce tissu est très-vite hors de service, à cause de l'alcali des sirops qui brûle l'étoffe. On peut aussi dans le même but, employer une filtration sur du sable plus ou moins fin, des étoupes, des éponges ou mille moyens analogues. Le gros noir, dont le principal but est tout différent, comme nous le verrons tout-à-l'heure, sert aussi en même tems comme épurateur mécanique, c'est-à-dire, qu'il est aussi un filtre sur lequel se dépose les corps en suspension.

On se sert souvent, en fabrication, de filtres destinés à rendre les sirops limpides. Ainsi comme nous le verrons tout-à-l'heure, sur les filtres au noir, pour profiter de toute leur énergie comme agens chimiques décolorans et dégraissans, il faut n'amener que des sirops bien limpides ; et pour obtenir cet effet, on a souvent soin de n'amener sur ces filtres au noir, que des sirops qui ont déjà passé sur des filtres mécaniques qui opèrent une espèce de filtration préparatoire.

Diverses espèces de filtres servent à cet effet. Le plus souvent on emploie une toile de chauvre claire et pliée

double pour les jus déféqués et les sirops à 25°., et des filtres à poches de coton pour les sirops à 15°. Plus ces filtres multiplient les surfaces, meilleurs ils sont, puisqu'ils
rendent l'opération plus rapide. Nous ne parlons toujours
que des filtres préparatoires, des filtres mécaniques.

La seconde opération toute chimique, dont nous avons
parlé, consiste à dépouiller les sirops des corps qui s'y
trouvent en dissolution sans troubler leur limpidité, mais
qu'il est important d'éliminer. Ces corps ne sont pas encore bien connus, ce sont plusieurs matières colorantes, la
gomme et d'autres corps que l'on comprend tous sous le
nom de mucilage (1).

On a essayé une foule de réactions chimiques pour obtenir cet effet et le seul charbon animal a pu rester comme
agent économique de démucilaginement dans la fabrication
du sucre indigène.

Le démucilaginement des sirops est la partie la plus importante de la fabrication du sucre, et c'est là que résident
presque tous les perfectionnemens qu'a subis cette industrie. Il augmente de beaucoup la quantité de sucre que
l'on peut extraire, et il produit cet effet en enlevant les
corps qui s'opposent à cette extraction, soit en empêchant
le sirop de cuire, soit en l'empêchant de cristalliser ou de
s'égoûter. Il rend les sucres plus beaux en dépouillant les
sirops des matières colorantes qui les salissent.

Le charbon animal n'est employé que de deux manières, à l'état de poudre, et nous n'avons plus à nous en oc-

---

(1) Nous employons le mot mucilage dans le sens que lui assigne
M. Dubrunfaut, qui désigne par ce mot toutes les matières autres que
le sucre qui se trouvent dans le jus de betteraves.

cuper, puisque nous avons traité cette partie dans l'article précédent (la clarification) , et à l'état de grain.

A l'état de grains plus ou moins fins , le noir est placé dans des filtres qui , sauf les dimensions, ressemblent parfaitement à la cafetière des ménages. C'est un vase muni de deux faux-fonds métalliques criblés de trous entre lesquels on place ce grain , en ayant soin de mettre une toile qui , sur chaque faux-fond , sépare le charbon de ce faux-fond. On verse sur le filtre, du sirop, qui, en passant à travers le noir, permet à l'action chimique de s'exercer. On règle l'écoulement par un robinet placé à la partie inférieure du vase.

Le mucilage se combine avec le carbone du charbon animal sans se décomposer, de sorte que l'on peut rendre au noir toutes ses propriétés en éliminant ce mucilage ; c'est ce qui constitue la révivification. On explique l'action du noir en disant que le charbon a une réaction acide , que la matière colorante s'y unit comme une base : mais qu'une base plus forte , telle que la potasse, se combinant avec le noir, enlève la matière colorante qui se redissout , ce qui a lieu en effet ; mais nous pensons au contraire que (s'il peut-être question ici d'acides et d'alcalis) la matière colorante brune qui est analogue à l'ulmine a une réaction acide sur le charbon et la potasse ; mais que celle-ci l'enlève au premier qui jouerait le rôle de base relativement à la première de ces matières.

Plus on emploie de noir, mieux le sirop est démucilaginé. La question économique est la seule mesure de la quantité de noir à employer. On calcule souvent sur 100 p. %. du sucre à obtenir.

Le noir n'agit que par ses surfaces, de sorte que plus

le grain est fin, plus il a d'action. La limite du degré de finesse n'est autre que celle de la rapidité de filtration. On veut ordinairement un grain semblable à celui de la poudre de chasse.

Le noir n'agissant que par des surfaces, un sirop trouble qui y laisse déposer des corps ténus qui le salissent ne se démucilaginera pas bien. Aussi doit-on avoir soin de n'amener sur les filtres au noir que des sirops bien limpides. C'est dans ce but que l'on a, chez plusieurs fabricans, des filtres mécaniques préparatoires.

Les fabricans emploient généralement le noir, lorsque le sirop marque 25 à 28 degrés à l'aréomètre de Beaumé ; quelques uns n'en emploient qu'une partie à ce degré, et l'autre partie lorsque le jus sort de la défécation : d'autres repassent les sirops de 15° sur les filtres ayant servi à 27°, puis font, pour les jus déféqués, des filtres au fond desquels ils placent du noir neuf et au-dessus du noir ayant servi aux sirops de 15°. On a agi ainsi jusqu'à ce jour, et pour ainsi dire au hasard, sans se demander s'il n'y avait pas *un certain point* de la concentration où le noir eût été plus avantageusement employé, et si ce point n'était pas *variable avec les différentes espèces de sirops.* C'est précisément ce qui a eu lieu.

Le noir agit sur le mucilage contenu dans les sirops avec d'autant plus d'énergie que ces sirops sont à plus bas degrés ; de plus il est très-avantageux de l'employer lorsque les claircés sont à cette densité, en ce sens que le mucilage existant dans un sirop en ébullition, détermine par sa présence la formation de nouveaux mucilages et que par conséquent il faut l'éliminer le plutôt possible pour qu'il ne se multiplie pas. Ces considérations tendraient à faire employer le

noir, lorsque le jus sort de la défécation marquant 4 à 5 degrés à l'aréomètre, si des considérations d'un autre genre
n'assignaient une grande défaveur à ce mode d'opérer. En
effet; le jus sortant de la défécation renferme, entr'autres
alcalis, beaucoup d'ammoniaque dont la plus grande partie est dégagée par l'évaporation, quand le sirop est amené à
17 ou 18 degrés Beaumé; or, si l'on employait le noir,
lorsque le jus sort de la défécation, une grande partie de
l'action de ce noir se porterait sur l'ammoniaque, et son effet sur le mucilage en serait d'autant diminué.

Ainsi donc nous avons deux causes qui, dans les sirops,
s'opposent au dépouillement du mucilage qu'ils contiennent, d'un côté pour les claircés à haut degré, la moindre
énergie du noir et la multiplication du mucilage, de l'autre
côté pour les claircés à bas degrés, les alcalis qu'elles renferment. *Ces deux causes* sont en quelque sorte *deux quantités*
dont *la somme* représente *la force totale qui s'oppose au
dépouillement du mucilage;* or, comme ces deux quantités
varient à chaque instant de la concentration, et chacune
dans un sens différent, il arrive un moment où leur somme
est moindre qu'à tout autre instant, un moment où la
force qui s'oppose au dépouillement du mucilage, est la
moindre possible. C'est à ce moment qu'il faut employer le
noir pour en retirer le meilleur résultat.

D'après ces considérations, nous avons cherché à déterminer ce moment où la force totale qui s'oppose au dépouillement du mucilage est la moindre, c'est-à-dire le
point de concentration le plus convenable à l'emploi du
noir ; nous l'avons fait pratiquement et nous nous sommes
assurés que, dans les circonstances les plus générales de notre fabrication, dans l'année 1833, 17 à 18 degrés étaient ce

moment. Nous avons employé alors la presque totalité de notre noir à ce degré et nous avons obtenu de ce changement les résultats que nous devions en attendre : une plus grande décoloration et un plus grand démucilaginement à quantité de noir égale, ou une décoloration égale et un démucilagement égal avec une quantité de noir moindre.

Mais les sirops de betteraves renferment le mucilage et les alcalis dans des proportions excessivement variables. *Les deux quantités* dont nous avons parlé sont donc (dans des circonstances différentes) excessivement variables , et leur *somme minimum* doit se trouver à des degrés très-différens pour telle qualité de betteraves , telle époque de conservation, tel mode de fabrication. Il faudrait donc pouvoir trouver un moyen de déterminer d'une manière précise *cette somme*, et pouvoir le faire facilement, afin qu'à chaque sirop, le fabricant pût constater le degré de concentration auquel il doit s'arrêter pour employer son noir.

Nous n'avons pas encore réussi jusqu'à présent dans les tentatives que nous avons faites pour trouver le mode d'opérer cette constatation à tout moment, et d'une manière facile. Nous avions évalué cependant au moins à 38 p. $^{o}/_{o}$ le plus grand effet du noir que nous avions obtenu d'après la manière encore imparfaite dont nous avons opéré en 1833.

Nous sommes convaincus que lorsqu'on pourra opérer avec plus de perfection, l'effet sera encore supérieur. Nous pensons que l'on partagera notre opinion à cet égard, quand on réfléchira d'une part, avec quelle facilité le mucilage se multiplie dans les sirops , et de l'autre combien les propriétés du noir sont facilement saturées par les alcalis.

Ainsi donc, dans l'année dont nous venons de parler, en 1833, nous avons pu constater que pour presque tous les sirops, lorsqu'on opérait sur une quantité de jus de défécation égale, 70 kilog de noir employés sur les sirops, lorsqu'ils marquaient 17 à 18 degrés Beaumé, rendaient ces sirops (après leur concentration au point de cuite), aussi dégraissés et décolorés que 100 kilog de même noir employés lorsque les sirops marquaient 25°, quoiqu'on fît repasser, sur les noirs usés à 25° les sirops à 15°, puis les jus déféqués. Nous avons aussi pu constater que 70 kilog de noir employés sur les sirops à 17 ou 18°, équivalaient à 130 ou 140 kilog de même noir employés sur les jus sortant de la défécation.

Les années qui suivirent 1833, nous fîmes les mêmes essais ; nous reconnûmes que les jus n'étaient plus semblables à ceux de cette année 1833. En effet, dans ces deux années 1834 et 1835, le moment d'emploi du noir le meilleur fut le point le plus élevé où l'on puisse filtrer, 28 à 29°, aussi toujours nous employâmes la totalité de notre noir à ce degré, fesant repasser les sirops à 15° sur les filtres de 28° épuisés, puis les jus déféqués sur les filtres ayant servi à 15°.

Il est important, selon nous, de faire repasser plusieurs fois sur les mêmes filtres des sirops de densités différentes, en commençant par les plus denses, car les filtres sont plus facilement lavés avec peu d'eau et moins de perte de sirop et les derniers sirops à bas degré se dégraissent encore long-tems après qu'ils ne se décolorent plus, puisque le noir, après qu'il ne décolore plus, augmente encore de poids.

Dans quelques fabriques qui revivifiaient elles-mêmes leur charbon, un phénomène remarquable s'est souvent présenté : quand le sirop parvenait sur les filtres, le charbon s'agglomérait, se prenait en masse et devenait imperméable à ce liquide. Quelques fabriques avaient remarqué que le charbon qui produisait cet effet se mouillait difficilement. De plus les sirops provenant de ces filtres avaient une odeur infecte qui persistait jusque dans les sucres claircés. L'un d'eux reconnut alors la cause de ces accidens : ils provenaient du charbon qui contenait une grande quantité de carbonate d'ammoniaque et d'huile empyreumatique. Le premier carbonatait la chaux des sirops, et la deuxièm empêchait le charbon de se mouiller ; aussi en fesant quelques observations de ce genre, nous trouvâmes plus de chaux dans les sirops qui sortaient de ces filtres. L'huile empyreumatique s'opposait à ce que le charbon se mouillât facilement et donnait une mauvaise odeur aux sirops.

On peut vérifier cette théorie par le dégagement abondant d'ammoniaque provenant des filtres, par l'examen de sa matière crétacée entourant le charbon, par les eaux de lavage de ceux-ci, et par les os qui avaient été mêlés avec le charbon pour recalciner. Ces os étaient roux et non pas noirs comme ils auraient dû être. En calcinant pendant plus longtems, le phénomène ne se représentait plus. Ce qui se passait ici de manière à entraver le travail, a toujours lieu, mais à un plus faible dégré, avec les charbons ordinaires ; il se forme un peu de carbonate de chaux qui encroute leur surface et s'oppose à leur action décolorante. Pour enlever la chaux des jus, plusieurs personnes avaient songé depuis longtems à faire traverser le sirop par des courans d'acide carbonique, mais en s'en est toujours mal trouvé et on y a renoncé.

Cuite.

Après la dernière filtration , on procède à la cuite. Le sirop, à 27° B., bout à la température de 83° Réaumur (103° 75 cent.) Voici ce qu'on observe lorsque la cuite doit bien marcher : le sirop monte peu, le bouillon est clair, les yeux se succèdent avec rapidité et crèvent facilement; on pousse alors la concentration jusqu'à ce qu'on obtienne la preuve. Celle-ci peut se prendre de cinq à six manières différentes, et les voici classées selon leur importance : preuves au filet, au soufflé, à l'eau, au thermomètre. La preuve à la dent a du rapport avec la preuve au filet et avec la preuve à l'eau. La preuve au moyen de la densité prise par un aréomètre, est défectueuse, attendu que l'épaississement du sirop est trop considérable pour qu'elle puisse avoir une grande valeur. Tous les degrés de concentration , inférieurs à la cuite, se prennent, au contraire , très-bien avec cet instrument.

Pour tenter la *preuve au filet*, on prend , entre le pouce et l'index, une très-petite portion du sirop à essayer ; on attend le refroidissement; alors on les écarte en les plaçant entre l'œil et la lumière , et en ayant soin d'éviter le contact de la vapeur qui entoure toujours les chaudières. Voici alors ce qu'on observe à différens degrés de concentration en marchant vers la cuite : 1° deux gouttes qui se séparent; celle qui est sur le pouce à la partie inférieure, est plus grosse que celle de l'index ; 2° les gouttes deviennent à peu près égales, et leur séparation n'a lieu qu'à près un plus grand écartement des doigts ; 3° à un écartement de deux centimètres , il existe une petite colonne qui se maintient et qui finit par se rompre à la partie inférieure *. Alors le bas du filet devient claviforme (en forme de massue), et il remonte lentement vers l'index ; 4° la même chose a lieu à une distance un peu plus grande: la partie inférieure de la goutte se replie et vient donner au filet la forme d'une massue ou d'une lame allongée qui remonte plus rapidement que précédemment ; 5° après un plus grand écartement des doigts, le filet se rompt en restant très mince et presqu'imperceptible par la partie inférieure, qui, en se jetant de côté, se tortille en tire-bouchon. Cette extrémité ne se replie pas sur le reste du filet, comme cela avait lieu précédemment, et celui-ci n'augmente de volume que par la cohésion qui rappelle les molécules vers l'index, qui est le seul point adhérent. Un peu plus tard, le filet ne peut plus du tout revenir sur lui-même. On cuit quelquefois à ce dernier degré et d'autres fois au degré précédent.

La *preuve au soufflé* se prend avec une écumoire que l'on trempe dans le sirop ; on l'agite pour éviter l'écume, et on la secoue légèrement au sortir du sirop pour le répartir également sur la surface de l'instrument ; on tient alors le manche horizontalement **, on incline la lame de 45° en

---

* On pourrait croire, d'après cela, que la viscosité et la cohésion du sirop l'emportent de beaucoup sur la pesanteur, puisque la fracture n'a lieu qu'à la bâse du filet ; mais cette chose est d'abord impossible, parce que vers sa bâse la pesanteur agit concurremment et dans le même sens que la cohésion, et c'est cela même qui est cause que, sur le pouce, il se forme une goutte conique très-ramassée, tandis que celle de l'index est très-allongée.

** Pour que les portions du sirop qui pourraient s'échapper ne tombent pas sur les mains.

tenant le bord inférieur plus rapproché de soi *, et l'on souffle dessus : le sirop est bien cuit, s'il se détache, à chaque ouverture de l'écumoire, une bulle sphérique, ayant au moins un centimètre de diamètre. Plus le sirop est éloigné de la cuite, moins on en obtient et plus elles sont petites. Il faut éviter la vapeur d'eau, qui empêche leur formation, et se procurer une écumoire dont les ouvertures aient tout au plus trois millimètres de diamètre.

On observe aussi que, lorsque l'on retire l'écumoire du sirop, en tenant son manche horizontal et sa lame perpendiculaire, le sirop s'étend et s'écoule en nappe qui se divise comme par une déchirure, en partant d'un des côtés de l'écumoire.

La *preuve à l'eau* se prend en mettant environ 15 grammes (1/2 once) de sirop en essai dans un vase contenant de l'eau froide ; on le prend alors dans la main, et s'il se laisse rouler en boule sans se dissoudre entièrement et sans s'écouler entre les doigts, il est suffisamment cuit. En étendant cette masse, on la tient de chaque main, et la plaçant entre l'œil et la lumière, on aperçoit facilement les plus petites parcelles de corps étrangers que le sirop peut contenir, tels que charbon animal, dépôt salin des chaudières, etc.

---

* Cette position permet presque de souffler horizontalement, et laisse voir facilement les bulles qui se forment, la position horizontale s'y oppose. La position verticale ferait que le sirop gagnerait trop vite le bord inférieur de l'écumoire.

La *preuve à la dent* se prend en plaçant un filet de sirop entre les dents, et les rapprochant les unes contre les autres ; s'il offre de la résistance sans trop s'étaler, le sirop est vers le point de cuite. Cette épreuve exige une grande habitude et ne peut se décrire facilement.

Le seul thermomètre ne suffit pas pour donner une preuve ; elle peut varier entre 90° et 93° R. ; mais il est d'une grande utilité, lorsque, par des essais préliminaires, on a déterminé la température à laquelle se termine une cuite de sirop appartenant à une masse plus considérable ; toutes celles qui suivent se font au même degré, et, au moyen du thermomètre, on est à même d'apprécier tous les progrès de l'évaporation et de l'arrêter à tems.

On peut obtenir la cuite d'un sirop par le filet et le soufflé, avec une grande précision, lorsqu'on a un peu d'habitude.

Une partie de sirop bouillant, à 27° de l'aréomètre de Beaumé, se réduit de 0,4 en volume, par la cuite à 91 R. et un peu moins en poids ; parce que la densité du sirop cuit est plus grande que celle du sirop à 27°. Plus on avance vers la cuite, moins il faut évaporer d'eau pour obtenir un dégré.

Quand on travaille des betteraves mûres, de bonne nature et récemment arrachées de terre, le premier sirop donne toutes les preuves à 90° R. Les mêmes betteraves retirées des silos, donnent un sirop qui exige au moins 92°. Cela tient à ce que la quantité de sucre diminue dans le suc, tandis que les autres matières restent en même quantité, si elles n'augmentent pas.

La cuite, telle que nous venons de la détailler, appartient aux sirops neutres; mais les sirops acides et les sirops alcalins présentent de grandes différences : les premiers cuisent généralement bien, mais ils se colorent beaucoup vers la fin de la cuite et prennent alors l'odeur de *raisinet*. Dans ces cas, la preuve au soufflé se montre avant la preuve au filet. Les sucres provenant de ces sirops, sont très-peu nerveux et fortement colorés. Le sirop vert ne peut pas supporter deux travaux. L'acidité des sirops peut provenir de causes différentes : 1° de défécations contenant trop peu de chaux ; 2° de sirops peu concentrés, conservés trop longtems ; 3° de la décomposition du sulfate d'ammoniaque. Ce sulfate d'ammoniaque peut provenir d'acide sulfurique employé à la défécation, ou bien pour neutraliser des sirops trop alcalins[*]. Dans tous les cas, il faut

---

[*] La décomposition annoncée par M. *Clémendot*, n'est nullement douteuse ; l'un de nous fit l'expérience suivante pour s'en assurer : Il fit dissoudre 1 gramme de sulfate d'ammoniaque et 10 grammes de sucre très-pur, dans 10 grammes d'eau colorée en bleu par la teinture de Tournesol ; ils furent placés dans un petit matras surmonté d'un tube placé en *U*, dont la deuxième branche plongeait dans un petit vase contenant de l'eau renfermant du tournesol rougi par la plus faible quantité possible d'acide. En chauffant, le vase bleu rougit et vice-versâ, ce qui indique la décomposition du sulfate d'ammoniaque dont l'acide est resté dans le premier vase, et dont l'ammoniaque a rendu à bleu la teinture de tournesol rougie. Cela peut servir à expliquer comment il se fait que des sirops dégagent de l'acide hypo-nitrique : l'acide sulfurique mis en liberté par la décomposition du sulfate d'ammoniaque, agit sur des nitrates que la betterave contient presque toujours ; de là, de l'acide nitrique qui est décomposé par les matières organiques, et dégagement de bionide d'azote incolore, qui se change en vapeurs rouges d'acide hypo-nitrique au contact de l'air.

saturer le sirop par une suffisante quantité de lait de chaux, et clarifier; les sirops s'améliorent, mais on n'a jamais alors remédié qu'à une faible partie du mal déjà produit. Les sirops alcalins cuisent lentement, avec difficulté, et quelquefois pas du tout. Souvent le bouillon ne se déclare pas, le sirop monte, et les corps gras qu'on y ajoute, ont très-peu d'influence sur lui. Si le bouillon vient à se déterminer, il a un aspect gras, et les bulles qui en partent se succèdent lentement et traversent quelquefois toute la chaudière d'un bout à l'autre sans crever. Bientôt le mouvement se ralentit, le bouillon s'éteint, le sirop baisse, les bulles disparaissent, et l'on brûlerait le sirop plutôt que de le faire bouillir en élevant la température; mais si l'on opère dans une chaudière à vapeur et qu'on en ferme le retour d'eau dans le but de la faire baisser, le bouillon reparaît un instant; et en renouvelant cette manœuvre plusieurs fois, on parvient encore à évaporer un peu et quelquefois à atteindre la cuite, quand on n'en était pas très-éloigné; quand la distance est fort grande, on n'y peut jamais parvenir, à moins que l'on ait affaire à des sirops qui refusent de cuire, parce qu'ils contiennent des matières solides en suspension.

Il arrive souvent que les sirops alcalins présentent de l'écume vers les premiers bouillons. Elle est assez abondante et se reforme à mesure qu'on l'enlève. Nous la croyons due à de l'albumine dissoute par de l'ammoniaque caustiquée par la présence de la chaux. Celle-là s'échappe par l'évaporation, et l'albumine redevient libre; mais mal coagulée à cause de la présence des autres alcalis. Quand on ajoute un corps gras à un sirop qui ne veut pas cuire, soit pour l'empêcher de monter, soit pour faciliter l'évaporation de l'eau, il se forme une matière jaune opaque qui vient en grande abondance nager sur le sirop. C'est un savon insoluble, à base calcaire, dont les acides varient suivant la nature du corps gras employé.

L'alcalinité des sirops peut être produite par de la chaux, par de la potasse et par de l'ammoniaque. La chaux provient constamment de celle qu'on a employée pour déféquer le sucre de betterave. La potasse provient des engrais ou des détritus de matières organiques cultivées avant les betteraves ; mais à quel état cette potasse se trouve-t-elle dans cette plante? Celle qui peut devenir nuisible dans le travail doit être dans un état salin décomposable par la chaux, et l'on ne connaît actuellement que le carbonate et l'oxalate de potasse que la chaux puisse décomposer. Ce ne peut être le premier, puisqu'il a une réaction alcaline et que le jus de la betterave est acide ou quelquefois neutre. Ce ne peut être que le second sel, ou tout autre sel inconnu car M. Dubrunfaut n'a jamais trouvé d'acide oxalique dans les betteraves des environs de Paris, et c'est pourtant dans une fabrique de ses environs que nous avons pu observer, un très-grand nombre de fois, des sirops qui ne voulaient point cuire. Lorsque l'on veut remédier à un excès d'alcalinité, on sature une partie des alcalis par de l'acide sulfurique étendu dans environ dix fois son volume d'eau, mais comme l'acide a de grands inconvéniens dont nous avons déjà parlé, il vaut mieux refiltrer les sirops, après les avoir ramenés à 28° Beaumé. Cette filtration neutralise également l'alcali, de même que la clarification au noir fin, comme nous l'avons déjà dit.

Il n'est aucun doute qu'il existe de la potasse dans la
betterave, mais elle peut être combinée à différens acides
et cela est fort difficile à déterminer. On est conduit à
l'admettre à l'état libre après la défécation ; sa présence
pourrait expliquer quelques phénomènes, et il nous a été
impossible de la démontrer autrement que par l'observation suivante : lorsqu'on sature du sirop de betteraves
conservées dans des silos et auxquelles on ajoute beaucoup
de chaux, voici ce qu'on observe : en ajoutant avec ména-
gement de l'acide sulfurique dilué, il se forme un nuage
blanc qui disparaît par l'agitation ; si l'on examine la liqueur dans un tube d'un diamètre en raison inverse de
l'intensité de sa coloration, on voit qu'elle est restée limpide ; cela peut se répéter plusieurs fois. Le nuage blanc qui se
forme, est du sulfate de chaux qui troublerait immanqua-
blement la liqueur s'il n'y avait dans la cuite du sirop, de
la potasse libre qui le décompose instantanément, l'ammoniaque ne pouvant agir de la même manière, puisque
les sels de cette base sont décomposés par la chaux. A une
certaine époque de la saturation, le sulfate de chaux ne
disparaît plus, et il se dépose lentement. Si le dépôt est
abondant, à lui seul il peut s'opposer à la cuite du sirop
ou la retarder considérablement. C'est pourquoi il faut
attendre qu'il ne reste plus rien en suspension pour que la
saturation ait un résultat favorable. Si l'on désirait refiltrer un pareil sirop, il faudrait également attendre que le
dépôt fût formé pour que la filtration marchât bien. Pour
ne point perdre de tems, on pourrait le clarifier. Ce dépôt,
analysé à l'état humide, contient, indépendamment du sirop, beaucoup de sulfate de chaux, très-peu de sulfate de
potasse et des traces d'albumine. La présence du sulfate de

potasse est expliquée par son peu de solubilité, si on la compare aux autres sels de la même base, et l'albumine était probablement tenue en dissolution par la potasse libre.

Plus les sirops sont de qualité inférieure, plus la cuite doit être serrée ; aussi doit-on cuire plus fortement les seconds produits que les premiers, comme nous le verrons plus tard.

La cuite est une opération délicate et importante, mais on l'a longtems regardée comme trop importante et même presque comme l'opération exclusivement importante de la fabrication du sucre. En effet, dans une fabrique marchant bien, on n'a pas à chercher par une foule de soins et au milieu de difficultés nombreuses, à cuire des sirops mauvais ; mais on doit au contraire porter ses plus grands soins au travail préalable de ces sirops, pour qu'arrivés à la cuite, ils soient d'un travail facile.

Appareils de cuite.

Après avoir parlé de la cuite, nous sommes obligés de dire un mot des appareils dans lesquels on l'effectue ; mais nous sommes fort embarrassés par la divergence des opinions qui se sont formées à cet égard. Nous allons donc donner ici notre opinion purement personnelle sur ceux qui sont les plus connus.

Les appareils qui permettent de cuire à basse température, doivent donner de meilleurs produits que ceux dans lesquels on cuit à une température plus élevée, lorsque toutefois la cuite ne dure pas plus longtems, car nous regardons le tems comme une condition d'altération souvent plus grande que la température ; et ainsi nous ne trouverions presqu'aucun inconvénient à cuire à la température ordinaire, si on pouvait effectuer la cuite en trois ou quatre minutes, comme le permettraient les chaudières Péan ou Aygalenck, si on pouvait y cuire, ce dont nous doutons.

Parmi les chaudières à cuire dans le vide, ou, pour mieux dire, sous une faible pression, aucune n'est arrivée au point de perfection de la chaudière d'Howard ; le sirop y bout à une température moindre que dans les autres appareils du même genre ; mais un prix éminemment élevé rend son application presqu'impossible dans un cercle un peu étendu.

Pour les autres appareils à cuire dans le vide, qui ont été mis en activité ainsi que l'appareil d'insufflation de M. Brame-Chevalier, voyez un tableau ci-après de leurs avantatages respectifs. Ce tableau se trouve dans une brochure de M. Degrand ; nous ne garantissons pas l'authenticité des chiffres qui y sont consignés, mais on peut y puiser une assez juste idée des différences qui caractérisent ces appareils.

Nous ne croyons pas que l'on puisse être certain de la réussite parfaite d'aucun de ces appareils autre que celui de M. Roth, qui peut être regardé comme éprouvé. Malheureusement, l'énorme quantité d'eau qu'il exige ne permet de l'établir que là où on a une rivière ou une source intarissable à sa disposition. M. Bayvet pense, il est vrai,

que l'on peut refroidir facilement et faire servir de nouveau la même eau ; mais on ne peut encore avoir aucune
certitude à cet égard, et nous avons même entendu dire
que les expériences qui avaient été faites dans ce dessein
étaient restées infructueuses.

M. Cellier-Blumenthal, à qui on est redevable de tant
de perfectionnemens remarquables dans l'art de la distil-
lation, et de qui tous les inventeurs d'appareils à cuire
dans le vide ont pris l'idée première de leurs appareils, M.
Cellier-Blumenthal vient de faire construire un appareil
nouveau qui a beaucoup d'analogie avec celui de M. Degrand, mais qui nous paraît construit d'une manière plus
rationnelle. Il coûtera, à ce qu'il paraît, beaucoup moins
cher que tous les autres appareils dont nous venons de
parler, et ce sera un grand avantage, car la cherté de ces
appareils est une des causes qui les empêche de se répandre.

Ainsi donc, le prix très-élevé de tous les appareils à
cuire à basse température, la grande quantité d'eau exigée
par quelques-uns, la grande complication des autres, les
mauvais résultats, soit en produits, soit en chômages,
donnés aussi par quelques-uns, sont tous inconvéniens
dont la somme pour chacun d'eux nous semble dépasser
les avantages qu'il produit et que l'on a d'ailleurs beaucoup exagérés. Nous ne saurions donc conseiller quant à
présent à un fabricant d'en adopter. Nous ferions peut-
être (difficilement cependant) une exception pour celui de
M. Roth, dans les localités où la quantité d'eau que l'on
aurait à sa disposition, le permettrait. Espérons que l'appareil de M. Cellier-Blumenthal viendra changer la question.

Si l'appareil Péan, Aygalenck ou tout autre analogue dans lesquels le sirop passant d'une manière continue, ne reste que quelques minutes en contact avec la chaleur; si, disons-nous, un tel appareil permet de cuire régulièrement, ce dont nous doutons, il devra être bien préféré aux chaudières ordinaires à vapeur; mais rien ne le prouve jusqu'à ce jour. Ces appareils, en effet, pourraient sans doute être livrés à des prix raisonnables; il faudrait aussi qu'ils fussent solides et faciles à nettoyer, quoique l'on ne soit pas encore parvenu, que nous sachions, à leur donner ces qualités; il faut espérer qu'on ne tardera pas à arriver à ce résultat. Mais quant à présent, nous pensons qu'on ne peut encore les adopter que comme espérance bien fondée mais non comme certitude, et qu'il faut alors avoir des chaudières à vapeur ordinaires *.

Une foule de formes différentes ont été données aux chaudières à cuire à vapeur, mais elles consistent toutes en un vase de forme quelconque au fond duquel se trouvent placés des tuyaux dans lesquels circule de la vapeur à trois ou quatre atmosphères de pression. Pour bien utiliser cette vapeur, il est utile de la faire circuler dans tous les tuyaux les uns après les autres : telles sont les grilles Taylor, ou mieux encore les chaudières à boudin, dans lesquelles se trouve un seul tuyau très-long contourné sur lui-même et ayant la forme d'un boudin. La vapeur est admise par une extrémité et sort par l'autre. Ces chaudières sont les plus usitées.

---

* Nous ne parlerons pas des chaudières à feu nu, qui, pour la cuite, ne peuvent être adoptées que dans les très-petites fabriques. Dans ce cas, ces chaudières devraient être à bascule, cette forme étant infiniment préférable à toutes les autres.

Appareils divers, évaporant à basse température, dans leur application respective à une fabrique de sucre qui, râpant et pressant, fait une campagne de 5 millions de kilog. de betteraves en 140 jours effectifs de travail. (1)

NOMS DES INVENTEURS.	COUT des appareils, avec leurs générateurs et frais de pose, réduit à un paiement comptant.	DÉPENSE journalière d'eau froide pour la condensation des vapeurs.	DÉPENSE en combustible pour la concentration et la cuisson pendant la campagne; le charbon calculé au prix moyen de 4 c. le kil.	QUALITÉ DES PRODUITS. actuellement obtenus	PRESSIONS dans LES GÉNÉRATEURS.
E. Degrand.....	35,700 f.	N'en dépense pas, fournit, au contraire, 150 hect. d'eau chaude par jour; propres à différens usages.	18,500 f.	Beaux, travail très facile pour les belles comme pour les basses matières.	1,2 atmosphère.
Roth..........	56,700	4,800 hectolitres.	37,000	*Id.*	1/2 à 2 3 atmosphère.
Pelletan........	Inconnu, mais il ne peut différer beaucoup de celui ci-dessus.	4,600	37,000	Peu satisfaisans.	3 ou 4 atmosphères nécessitées par le jet de vapeur intermittent.
Brame-Chevalier.	113,700	N'en dépense pas.	56,500	Sirops mousseux, purgeant mal, principalement dans les bas produits.	3 1/2 à 4 atmosphères.

1 Ces chiffres ont été dressés pour des appareils qui n'opéreraient pas seulement la cuite mais aussi la concentration : nous avons tout lieu de croire que ces appareils seraient tous insuffisans pour le travail indiqué.

Cristallisation.

Plusieurs des circonstances qui favorisent ou contra-rient la cristallisation des corps , sont connues ; mais il en est encore beaucoup que l'on ne connaît pas, ce qui fait regarder souvent des cristallisations comme capricieuses , parce que l'on n'a pas encore reconnu certaines circons-tances qui en font varier les résultats. On opère pour la cristallisation du sucre comme pour beaucoup de cristal-lisations que l'on obtient dans les laboratoires de chimie. On fait cristalliser le sucre dans des vases , par refroidisse-ment ; on sépare les cristaux des eaux-mères par égoutage ; on lave les cristaux ; et on opère des secondes et troisièmes cristallisations avec les eaux-mères des premières. Ce sont ces opérations qui constituent *l'empli*, *l'égoutage*, *le clair-çage* et *les recuites*.

Empli.

Après la cuite, le sirop de betteraves est transporté dans des étuves * pour procéder à l'empli ; on le place dans des rafraîchissoirs, qui sont des vases de cuivre de la capacité de 5 hectolitres environ. Là , on attend qu'il se refroidisse, parce que si on le mettait bouillant dans les formes , la masse ne serait point homogène et le retrait produirait une cavité centrale, peu d'uniformité dans le volume du grain, et une soufflette au-dessus de cette cavité. Le point

---

* Les étuves ou chambres chaudes dans lesquelles on opère l'*empli*, prennent le nom de cette opération et se nomment empli ; celles dans lesquelles se fait l'égoutage , se nomment purgeries.

convenable pour faire l'empli , est quand le sirop commence à déposer des cristaux que l'on nomme *grain*. Cela
a lieu à environ 85° de Réaumur pour de bons sirops bien
cuits , à 75° environ pour les premiers recuits , et de 55 à
60° pour les seconds recuits. Quand , pour ceux-ci , le
grain n'est pas apparu à 50°, ils sont de très-mauvaise nature et il est bon de l'amorcer, c'est-à-dire, d'y ajouter
des sucres représentant des cristaux déjà formés pour déterminer la cristallisation à prendre son cours.

Lorsque certains sirops recuits, à odeur de pain d'épice
ou de suc de réglisse , sont dans le rafraîchissoir, il arrive
quelquefois un phénomène bien digne de remarque ; il se
forme une écume rougeâtre, souvent assez abondante pour
que le sirop vienne à déverser pas dessus les bords du vase
qui le renferme. Voulant analyser ce phénomène, M. Dubrunfaut essaya de reconnaître la nature du gaz qui forme cette effervescence ; mais la consistance des écumes pré-
senta tant de difficultés, qu'il fallut remettre cet examen à
une autre année. Ce fait ne présente d'analogie qu'avec les
sirops dont la cuite ne peut s'opérer, et qui recommen-
cent à bouillir par un abaissement de température , ou
même qu'avec l'oxide d'argent, qui , formé à la chaleur
blanche, se réduit pendant que ce métal repasse de l'état
liquide à l'état solide.

Pendant que l'on procède à l'empli , on peut agiter le
sirop pour que les cristaux qui se forment, se trouvent ,
autant que possible , répartis également dans toutes les
formes ; il faut aussi fractionner un grand nombre de fois
les dernières parties du remplissage. La température de
l'étuve doit être au moins de 25°, et il faut éviter qu'aucun

courant d'air ne puisse frapper partie ou totalité des formes, car, par un prompt refroidissement, il s'oppose à la formation des cristaux, qui sont remplacés par des masses compactes qui ne laissent point passer la clairce.

Les sirops alcalins donnent de beaux cristaux. Le sucre est nerveux mais léger, c'est-à-dire, que les cristaux sont peu adhérens et laissent beaucoup d'espace vide entr'eux. Les sirops acides sont peu nerveux, et le sucre qu'ils produisent est fin et coloré ; les sirops neutres peuvent présenter ces deux résultats et d'autres intermédiaires, selon leur pureté.

Quand les sirops sont peu cuits, on peut les battre au chaudron et les mouver dans les formes ; le premier travail a pour but d'évaporer un peu d'eau, et, le second, de troubler la cristallisation pour la rendre plus abondante. Cette dernière opération, très-utile en raffinerie, ne présente pas le même avantage dans le travail du sirop de betteraves. Dans les raffineries, elle a pour but de donner de la consistance aux pains de sucre en diminuant le volume des cristaux, ce qui, en même tems, rend le sucre plus facilement soluble, et, en apparence, moins coloré et plus sucré pour la plupart des dégustateurs. Le sucre de betterave se vendant en grain, n'exige pas ce travail qui ne peut se faire qu'au détriment de sa qualité, 1° en en détruisant l'apparence nerveuse, 2° en lui donnant une surface plus considérable, qui retient plus d'impureté, toutefois en en augmentant le poids. Le sucre d'un même empli, mouvé dans des formes et non mouvé dans d'autres, a présenté à l'observation, au moyen de l'appareil de polarisation circulaire, le premier 26° de rotation droite, et le second à 27°,5 , ce qui indique un plus grand état de pureté pour celui-ci.

Egoutage.

Quand les formes sont emplies de premier sucre ou de second bon sucre, aussitôt qu'elles sont parvenues à la température de l'étuve, on peut les déboucher pour faire couler le sirop vert. Beaucoup de fabricans les placent sur pots, comme dans les raffineries ; d'autres se servent des goutières, mais les planchers lits-de-pains de M. Leroux-Dufié sont ce qu'il y a de mieux.

Lorsque le grain coule avec le sirop, ce qui arrive ordinairement aux dernières recuites, on introduit dans la tête de la forme des cornets percés de trous pour retenir le premier et laisser couler le second. Les meilleurs sont ceux qui sont percés de trous de rape à sucre, faisant saillie au-dehors. Les fabricans qui ne claircent pas, transportent, après l'empli, leurs formes dans des chambres chauffées à 25°, plus ou moins, selon que les sucres sont plus ou moins gras, plus ou moins serrés. Les formes mises sur pots ou sur goutières, ou sur planchers lits-de-pains, s'égoutent, et lorsque le sucre est suffisamment sec, on loche et on écrase le pain loché.

Clairçage.

Pour opérer le clairçage , on attend que le sirop vert soit bien égouté, on enlève les croûtes qui se trouvent à la surface des formes , on remue le sucre jusqu'à un ou deux pouces de profondeur, on détruit l'agglomération des cristaux , on tasse également au moyen d'une espèce de truelle circulaire, on verse sur *le fond* ainsi formé de la clairce qui traverse les interstices du sucre en chassant devant elle le sirop très-coloré qui s'y trouve. Pour que la clairce soit bonne, il faut qu'elle soit complètement saturée de sucre à la température de l'étuve. Quelques fabricans versent la clairce sur la forme sans lui faire subir cette opération ; d'autres mettent ainsi une première clairce sans préparation, puis font un fond comme nous venons de le dire, et claircent de nouveau. Pour préparer la clairce, on prend ou du sucre déjà fort et plus ou moins beau, que l'on dissout dans l'eau, ou des sirops de betteraves, très-décolorés par le charbon. Si l'on opérait sur du sucre assez pur, il suffirait de concentrer la clairce jusqu'à ce qu'elle marquât 32° Beaumé à la température de l'ébullition. Cette ébullition a lieu à 84° R. — (105° C.)Si l'on opère sur des jus de betteraves concentrés et très-beaux, il faut les cuire jusqu'à 85°,6 R. (107 C.) bouillant et marquant alors 33° aréométriques. Cuite à cette température, la clairce ne laisse pas déposer de cristaux à 20° C., mais, par la moindre évaporation, il se forme une couche cristalline à sa surface. On emploie plus ou moins de clairce, selon que l'on veut obtenir du sucre plus ou moins beau. Le plus ordinairement, la clairce se fait avec du jus de betterave, évaporé à 15 ou 18°, dans lequel on fond les déchets, en têtes et croûtes de formes des opérations précédentes. Le sucre s'épurant d'abord par la partie supérieure, quelques fabricans enlèvent cette partie, font un fond plus bas dans la forme, ajoutent de la nouvelle clairce, et ainsi de suite jusqu'à ce que tout le sucre soit épuré. Ce dernier mode de travail ne peut avoir lieu que dans les fabriques où on racle le sucre dans les formes et où on le dessèche sur des claies.

A la surface des formes claircées, il se forme une croûte
dure, peu épaisse et plus colorée que le sucre immédiatement sous-jacent. On détruit cette croûte ou on en blan-
chit le sucre, en plaçant dessus une rondelle de drap blanc
mouillé, qui agit à peu près comme le terrage.

Le clairçage doit s'opérer dans des purgeries chauffées à
15 ou 20 degrés.

Dans quelques fabriques, on fait, en partie, sécher le
sucre dans les formes. Alors, comme dans les raffineries,
on procède au lochage.Cela consiste à détruire l'adhérence
du pied du pain, avec la forme, au moyen de l'extrémité
droite d'un couteau légèrement recourbé, à renverser
cette forme sur un plancher, et à la balancer en la tenant par l'extrémité supérieure ; alors le pain se détache
ordinairement en entier ; dans le cas contraire, on lance la
forme à la volée sur le plancher, en ayant soin que tout
son bord porte à la fois; sans quoi elle casserait. Quand on
balance la forme, il faut éviter de la tenir par le milieu de
sa hauteur; car, dans ce cas, le pain se coupe en deux.Cela
tient à ce que l'on imprime à chaque moitié du pain, un
mouvement centrifuge qui tend à les écarter. Après cette
opération, on la coupe en deux ; on sépare encore les têtes
que l'on place dans des formes sur pot pour les laisser s'é-
purer. Chaque moitié du pain est placée sur son extrémité
la plus étroite. On lui laisse prendre un peu de cohésion,
on la divise de même par tranches minces, on enlève la
dessication, on fait le choix, et on l'égrène ensuite par des
moyens très-variables.

Les fabricans ne sont pas d'accord sur les avantages du
clairçage. Des expériences comparatives sont impossibles

pour résoudre la question , car il faudrait continuer les expériences sur des seconds et troisièmes produits, être certain d'avoir des premiers sirops tout-à-fait aussi bons dans l'un et l'autre cas, être certain aussi de réussir ni mieux ni moins bien dans les cuites et recuites respectives de chacun de ces sirops, toutes choses impossibles. Aussi , à défaut de possibilité d'expériences exactes comparatives , on ne peut invoquer que des calculs basés sur des approximations déduites de l'expérience, et ce sont ces calculs qui , d'après certains fabricans , donneraient de l'infériorité , et d'après d'autres , de la supériorité aux procédés de clairçage sur la fabrication du sucre brut. Nous ne saurions nous prononcer à cet égard, mais ce qui ressort bien évidemment de cette dissidence , c'est que les deux procédés également bien conduits ne s'éloignent guères dans leurs résultats.

Recuites.

Les eaux-mères des premières cristallisations obtenues par l'égoutage, sont cuites de nouveau et donnent des seconds produits ; l'égout de ces seconds produits donne des troisièmes; quelques fabricans , qui cuisent fort léger, obtiennent des quatrièmes et même des cinquièmes produits. On s'arrête et on cesse de cuire lorsque les égouts pèsent plus de 44° B., car on n'en obtient plus de cristallisation.

Tous ces sirops d'égout sont nommés sirops verts , en opposition avec les sirops provenant de la lixiviation des cristaux , c'est-à-dire, du clairçage , que l'on nomme sirops couverts.

Les sirops couverts sont, comme les sirops, recuits pour en obtenir une ou plusieurs cristallisations. On cuit le plus ordinairement les sirops couverts des premiers et seconds produits avec les sirops verts des premiers produits. Ce mélange constitue la cuite des seconds produits. Le sirop vert des seconds produits se cuit alors seul et constitue la cuite des troisièmes produits. Ces troisièmes produits ne se claircent pas et donnent un sucre de qualité inférieure. C'est le sirop d'égoût de ce troisième produit qui constitue la mélasse proprement dite, que l'on vend aux distillateurs. Tout ce travail est complètement changé et fort simplifié lorsqu'on opère par les procédés de M. Serbat, qui, pour n'être pas aussi merveilleux qu'on le voulait, même malgré l'auteur, n'en sont pas moins supérieurs à tout ce qui s'est fait jusqu'à ce jour. Les sirops verts et couverts doivent être recuits aussi promptement que possible, pour éviter qu'ils ne s'altèrent. Les troisièmes produits sont quelquefois emplis dans de grands tonneaux au lieu de formes ; le refroidissement du sirop y est plus lent et la cristallisation plus nerveuse. A la fabrique de Dalcon, on a de grandes formes en bois doublées de zinc, dans lesquelles on emplit tous les produits et dont on se trouve fort bien. On ne pourrait leur reprocher, il nous semble, que de ne pas se prêter facilement au claircage, par le grain trop gros qu'elles donnent et la difficulté de les manœuvrer.

FIN.